计算机网络基础与应用

主　编　黄镇建
副主编　蔡群英　蔡燕敏　洪英汉

哈尔滨工程大学出版社
Harbin Engineering University Press

内容简介

本书从计算机网络相关的基本原理和关键实践技术两个方面出发,打破了传统分层模型的限制,以工程逻辑的思维重构课程体系。本书首先对计算机网络相关的基本概念、网络体系结构和网络协议进行简单的讨论与分析;其次,从学生平时可以看到的网络设备和常见网络应用讲起,引起学生的学习兴趣,并在此基础上对计算机网络中的两大基础设备——交换机和路由器进行系统的介绍;最后,重点介绍了 DNS、Web 应用、FTP 等服务器的架设并给出网络工程设计实例。

本书可作为计算机及相关专业网络课程的教材,也可作为社会培训教材或自学教材。

图书在版编目(CIP)数据

计算机网络基础与应用/黄镇建主编. —哈尔滨:哈尔滨工程大学出版社,2022.10
ISBN 978-7-5661-3732-6

Ⅰ.①计… Ⅱ.①黄… Ⅲ.①计算机网络 Ⅳ.①TP393

中国版本图书馆 CIP 数据核字(2022)第 192899 号

计算机网络基础与应用
JISUANJI WANGLUO JICHU YU YINGYONG

选题策划 刘凯元
责任编辑 刘凯元
封面设计 李海波

出版发行　哈尔滨工程大学出版社
社　　址　哈尔滨市南岗区南通大街 145 号
邮政编码　150001
发行电话　0451-82519328
传　　真　0451-82519699
经　　销　新华书店
印　　刷　哈尔滨午阳印刷有限公司
开　　本　787 mm×1 092 mm　1/16
印　　张　12.75
字　　数　314 千字
版　　次　2022 年 10 月第 1 版
印　　次　2022 年 10 月第 1 次印刷
定　　价　58.00 元
http://www.hrbeupress.com
E-mail:heupress@ hrbeu.edu.cn

前　言

随着以互联网为核心的产业形态蓬勃发展，"互联网+"的创新方式对传统行业产生了颠覆性的影响，网络已成为人们日常生活必不可少的工具。

计算机网络课程是电子、自动化等工科专业的专业基础课。对于工科类非计算机专业的学生来说，该课程是软硬件知识的纽带，学好该课程，对嵌入式技术、物联网应用、网络维护等后续专业课的学习具有非常重要的意义。目前，计算机网络课程大多是为计算机专业开设的，内容单一，没有针对不同层次、不同类型的学校和专业形成教学体系，这给教师授课带来了很大困难，常常使学生迷失在各种晦涩难懂的通信协议之中。

计算机网络是一门理论性和实践性都很强的课程，只有充分将理论与实践相结合，教学质量才能产生质的飞跃。学生在理解计算机网络基本概念、原理、协议的基础上，还必须通过一些实验训练才能真正掌握其内在的含义，系统掌握局域网的组建、虚拟局域网的划分、各种服务器的配置、各种路由协议的实现、网络服务平台的搭建和 Web 应用等工程技术。

本书从初学者的角度，介绍了计算机网络产生的历史与背景，对网络的基本概念和通信协议进行了说明，介绍了计算机网络的技术与应用，计算机专业和非计算机专业学生都可以通过本书掌握计算机网络入门知识，为下一步的学习或就业做好准备。

本书采用理论与实践相结合的方式，先对相关知识进行说明，再精选案例进行巩固，语言精练，通俗易懂，实践内容简单实用，在帮助读者学习理论知识的同时，又强化了动手能力。

本书的特色是只要有计算机，就可以进行计算机网络实验，既节省了网络实验设备的投入，又巧妙地为学生提供了搭建网络实验环境的方法。

本书由黄镇建主编，并对全书进行了统稿和定稿，参加本书编写的还有蔡群英、蔡燕敏和洪英汉等。本书由韩山师范学院资助出版。在本书编写过程中，陈洪财教授和李铸工程师提供了大量的帮助，在此一并表示衷心的感谢。

由于编者水平所限，书中难免存在一些疏漏，恳请读者批评指正。

编　者

2022 年 6 月

目录

第1章　计算机网络基础知识

随着计算机、通信和电子信息产业的发展,计算机网络得到了迅猛发展,已成为一种快速的、廉价的信息存储和传输手段,尤其是近十年来移动互联网的长足进步,给人们带来了诸多方便,极大地改变了人们的生活方式。计算机网络广泛应用于军事国防、现代工业、科教文卫、电子政务等领域。网络传媒、在线教育、互联网金融和工业互联网更是催生了很多新生事物。因此,只有学习计算机网络并掌握相关技能,才能更好地融入和适应现代社会生活。

1.1　计算机网络的基本概念

进入 21 世纪以来,人类的很多活动都依赖于计算机网络。计算机网络是现代通信技术与计算机技术相结合的产物。计算机网络的发展历史不过短短几十年,涉及电子、通信、计算机等诸多学科。计算机和通信技术的发展非常迅猛,其内涵也在不断发展和变化。

简单地说,计算机网络是将分布在不同地理位置并具有独立功能的多个计算机系统通过通信设备和线路互连起来,在网络协议、网络操作系统、网络管理软件的协调下,实现软硬件资源共享和信息传递的系统。计算机网络是硬件、软件和协议的组合,其组成包括计算机、网络操作系统、传输介质(有线和无线)、通信设备(交换机或路由器)和对应的应用软件等。简化的计算机网络如图 1-1 所示。

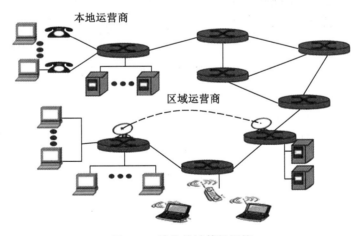

图 1-1　简化的计算机网络

1.2　计算机网络的发展史

计算机网络是继电信网络、有线电视网络之后出现的第三个世界级网络。计算机网络自诞生以来,按从简单到复杂的规律,其发展史大概可以分为远程终端联机系统,计算机-计算机网络,网络互联,互联、高速和智能时代四个阶段。

1. 远程终端联机系统

计算机网络的历史可追溯到 1946 年第一台电子计算机的诞生,彼时计算机数量极少且价格昂贵,这种情况持续了十几年的时间,只有数目有限的计算机中心才拥有计算机。使用计算机的用户要将程序和数据送到或邮寄到计算机中心去处理,除花费时间、精力和大量资金外,还无法对急需处理的信息进行加工和处理。因为有大量共享计算机资源和信息处理的需求,人们考虑将计算机通过通信线路(价格便宜)与终端(仅有输入和输出功能)连接起来,从而形成了以主机为中心的第一代联机终端系统。远地点的输入和输出设备通过通信线路直接和计算机相连,以达到一边输入信息,一边处理信息的目的,最后将处理结果再经过通信线路送回到远地站点。这种系统也称为简单的计算机联机系统。1954 年,电传打字机诞生,人们将它与计算机相连,电传打字机作为远程终端将穿孔卡片上存储的 1 或 0 信息传送给计算机,并接收计算机信息处理结果。

远程终端联机系统和电传打字机如图 1-2 所示。

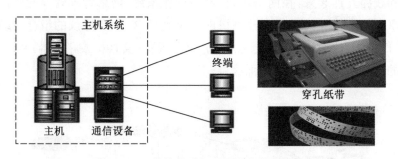

图 1-2　远程终端联机系统和电传打字机

这一时期的计算机网络存在两个缺点:一是主机既要负责通信又要处理数据,负担比较重,导致系统响应时间长;二是一条通信线路仅与一个终端相连,线路的利用率较低。为了克服第一个缺点,可以在主机之前设置一个前端处理机(Front End Processor,FEP),专门负责与终端的通信工作,使主机能有较多的时间进行数据处理。为克服第二个缺点,通常是在终端较为集中的区域设置线路集中器,大量终端先连到线路集中器上,线路集中器则通过通信线路与前端处理机相连,如图 1-3 所示。

远程终端联机系统是计算机与通信技术的初步结合,其组织形式为集中控制,如果主机出现故障,则所有的终端将被迫停止工作。

图 1-3　改进的远程终端联机系统

远程终端联机系统的典型应用是美国于 1963 年投入使用的航空订票系统 SABRE-1，用户可以通过终端远程预订机票。

2. 计算机-计算机网络

远程终端联机系统阶段的主机体积巨大，且价格昂贵，很多企业负担不起相关的费用，所以普及率不高。到了 20 世纪 60 年代中期，由于集成电路技术的发展，计算机硬件的价格不断下降，有一定规模的公司都能负担得起多台主机的费用。随着计算机数量的增多，应用需求随之出现，一些公司的计算机甚至配置了计算软件和数据库，显然，对这些资源的共享和利用仅仅依靠简单的远程终端联机系统是不可能完成的。这个时候就出现了将多个单主机终端联机系统连接起来的网络，即多主机互联网络。这种情况下，网络体系就由"主机到终端"逐渐演变为"计算机-计算机"网络，如图 1-4 所示。

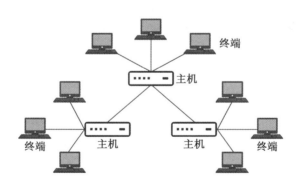

图 1-4　计算机-计算机网络

图 1-4 结构中的主机同时负责通信与数据处理，分工不明确，工作效率较低，因此，经过一段时间的努力，科学家又研发出图 1-5 所示的两层结构的计算机网络。图 1-5 中的 CCP（通信处理机）专门负责处理通信任务，称为通信子网；在通信子网的基础上连接的主机和终端称为资源子网，负责信息的处理和计算。通信子网提供通信服务，资源子网提供资源，两者分工明确，密切合作，缺一不可。

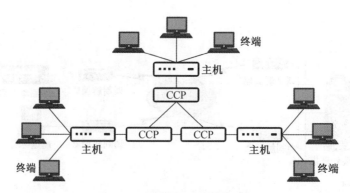

图1-5 通信子网和资源子网

阿帕网(ARPANET)是计算机-计算机网络的典型代表。1969年,美国国防高级研究计划局资助建立了一个名为 ARPANET 的网络,这个网络把位于洛杉矶的加利福尼亚大学,位于圣芭芭拉的加利福尼亚大学、斯坦福大学,以及位于盐湖城的犹他州立大学的计算机主机连接起来,位于各个节点的大型计算机采用分组交换技术,通过专门的通信交换机(IMP)和专门的通信线路相互连接,这个阿帕网就是因特网的雏形。

3. 网络互联

20世纪60年代中期,美国的 ARPA 网、IBM 公司的 SNA 网和 DEC 公司的 DNA 网都获得了成功,但这个时期各个公司的产品都相对独立,没有统一标准,不同公司的设备不能互联。到了20世纪70年代后期,人们逐渐认识到没有统一的标准将严重限制计算机网络的发展和应用。

1977年,国际标准化组织(International Organization for Standardization,ISO)在多个计算机厂家网络体系的基础上,开始制定系列标准。1982年,ISO 发布了"开放系统互联参考模型"的国际标准,简称 OSI/RM(Open System Interconnection Reference Model),OSI 制定了不同厂家计算机互联的准则,即著名的 OSI 七层模型。尽管 OSI 模型比较复杂,没有成为事实上的因特网标准,但 OSI 的出现使得计算机网络互联有了统一的标准,加速了计算机网络的发展。这个阶段网络中的节点不再是设备,而是网络,由多个网络互联而成的网络称为互联网(Internet)。

4. 互联、高速和智能时代

随着网络技术的飞速发展,人类进入互联网时代,互联网是人类文明发展进程中的一个伟大里程碑。互联网是世界上覆盖范围最广、规模最大、独一无二的信息基础设施之一。互联网是一个通过路由器实现多个广域网和局域网互联的网中网。目前,计算机网络的发展正处于第四阶段,该阶段的特点是互联、高速、智能。

互联网的诞生,从某种角度来说是美苏争霸的副产品。1969年,美国国防高级研究计划局资助的 ARPANET 开始研究如何建立分散式指挥系统。这项任务的研究内容是如何把分散在不同地点异种计算机连接起来,这就是互联网最早的雏形。

1974年,网际协议(Internet Protocol,IP)和传输控制协议(Transmission Control Protocal,

TCP)问世,其后美国科学家罗伯特·卡恩和温特·瑟夫的 TCP/IP 协议详细说明正式发表,推动了互联网的大发展。20 世纪 90 年代,由于万维网(WWW)和浏览器的使用,互联网演变成一个集文字、图像、声音、动画、影片等多种媒体的精彩世界,以前所未有的速度融入千家万户。

2010 年 iPhone 的发布,使网络接入方式从固定转向移动互联网,真正地做到了不受时间、地点、方式的限制。移动互联网是移动和互联网融合的产物,它的出现催生了很多新兴产业,给经济注入了无限生机。移动互联网基础与关键技术的研究,对国家信息产业的发展具有重要意义。

计算机网络技术的高速发展,在经济、文化、科技、教育等领域发挥了重要作用,并改变了人们的生活方式,为物联网等新技术的开发奠定了基础。

1.3 计算机网络的分类和拓扑结构

计算机网络的类型是多种多样的,从不同的角度对网络进行分类,有助于加深对网络的理解、认识和学习。比较常见的计算机网络的分类方法有按地理覆盖范围分类、按拓扑结构分类、按通信介质分类等,下面仅介绍其中两种比较重要的分类方法。

1.3.1 按地理覆盖范围分类

按地理覆盖范围划分网络是一种大家都比较认可的划分方法,按这种办法,计算机网络可分为局域网、城域网、广域网和互联网。

1. 局域网

局域网(Local Area Network,LAN)的覆盖范围比较小,一般在几千米之内,可以是一间办公室、一幢大楼、一个园区等。局域网具有传输速率高、误码率低、易组网、易管理、易维护等特点。如图 1-6 所示,用一根交叉线将两台计算机连接来,就是最简单的局域网。

图1-6 最简单的局域网

2. 城域网

城域网(Metropolitan Area Network,MAN)的覆盖范围通常为几千米到几十千米,一般认为可以横跨一座城市。城域网通常由政府、大型企业或机构组建,作为城市基础设施,为公众提供服务。

3. 广域网

广域网(Wide Area Network,WAN)的任务是实现远距离主机之间的数据传输和信息共享,其覆盖范围通常是几十千米到几千千米的距离,也称为远程网。广域网一般由国家或

大型通信企业租用海底光缆、卫星、公用网络等组建。接入广域网的计算机众多,广域网传输的信息量巨大,且信息资源丰富,但连接速率比较低。

4. 互联网

互联网是将不同类型的网络(局域网、城域网、广域网)互联起来的全世界独一无二、最大规模的网络。从地理范围来讲,互联网就是全球的计算机互联,由于接入和退出互联网的计算机每时每刻都在变化,所以互联网最大的特点就是不确定性。任何一台计算机只要使用 TCP/IP 协议接入互联网就可以和其他用户进行信息交流。

1.3.2　按拓扑结构分类

拓扑(Topology)是由图论演变而来的概念。网络拓扑是指由网络节点和网络介质抽象而成的结构图,通俗地讲就是将网络设备抽象为"点",网络介质抽象为"线"。网络拓扑对网络的可靠性、成本、设计、功能都有较大的影响。

1. 总线拓扑

在总线拓扑结构中,网络采用单根传输线作为传输介质,这根传输线称为总线,网络中所有节点都接入并共享总线,每个节点发送的信息都在总线上传输,且能被其他节点接收,即传输广播方式。总线拓扑的优点是结构简单,容易实现,但如果有断点出现,整个网络就会瘫痪,而且查障比较麻烦。

2. 环形拓扑

环形拓扑的传输介质是一个闭合的环,节点采用点到点通信线路连成闭合环路,环中数据将沿一个方向逐站传送。环形拓扑的优点是网络结构简单,传输延时固定;缺点是环中任何一个节点如出现故障,则全网终止运行,可靠性较差。

3. 星形拓扑

星形拓扑结构中有一个中心节点(一般是集线器或交换机),其他节点通过线路与中心节点进行连接。中心节点控制全网的通信,具有数据处理和转接的功能。星形拓扑的优点是便于集中控制,结构简单,组网容易,可扩充性强,如果单个节点出现故障只会影响该节点,不会影响全网。星形拓扑对中心节点的可靠性要求较高,因为中心节点一旦出现损坏,则全网通信中断。

4. 网状拓扑

网状拓扑的特点是任一节点至少有两条链路与其他节点相连。网状拓扑的优点是节点之间有多条路径相连,不受瓶颈问题和失效问题的影响,可靠性高,便于根据情况选择最佳路径;缺点是结构复杂,管理和维护难度大,建网成本高。

5. 树状拓扑

在树状拓扑中,网络各节点形成了一个层次化的结构。树状拓扑结构的形状像一棵倒置的树,顶部有一个带分支的根,每个分支还可以延伸扩展出子分支。若树状结构只有二层,就变成了星形结构,树状结构可认为是星形结构的扩展。树状拓扑的缺点是对根的依赖很大,根如果出了故障,则全网瘫痪;优点是易于扩展和隔离故障。

网络拓扑结构如图 1-7 所示。

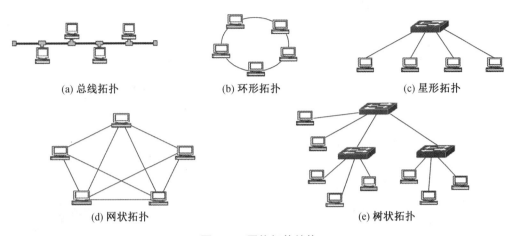

(a) 总线拓扑　　　　　　(b) 环形拓扑　　　　　　(c) 星形拓扑

(d) 网状拓扑　　　　　　　　　　(e) 树状拓扑

图 1-7　网络拓扑结构

1.4　计算机网络的组成

计算机网络通常由网络硬件系统和网络软件系统两部分组成。

1.4.1　网络硬件系统

组建一个计算机网络,首先要把计算机通过传输介质与网络中的其他计算机或网络设备连接起来,物理连接是最基本的物质基础。下面对硬件系统中的各种网络硬件分别加以介绍。

1. 服务器和网络终端

服务器(Server)是在网络环境中为客户(Client)提供各种服务的特殊计算机,承担数据存储、转发、发布、安全等关键任务。评价一个服务器的好坏,通常从以下四个方面进行考虑:

①可扩展性(Scalability),即硬件(内存/适配器/硬盘/处理器等)可根据需要灵活配置;

②可用性(Usability),即全天候不停机工作(高稳定性、高可靠性和高冗余性);

③可管理性(Manageability),即具备冗余技术、系统备份、在线诊断技术、故障报警技术、内存查/纠错技术、热插拔技术和远程诊断技术;

④可利用性(Availability),即具有高效的连接和运算性能。

按照定义,计算机网络的终端一定是一台独立计算机,但随着硬件技术的发展,已经有很多终端不再是计算机,如智能手机,因此未来"终端"和"独立计算机"之间的界限将变得越来越模糊,不久的将来,一定会有更多的智能终端出现在计算机网络中。

2. 网络传输介质

网络传输介质用于在网络中实现物理线路的连接,通常可分为有线和无线两种类型。

常见的网络有线传输介质有双绞线、同轴电缆和光纤,如图 1-8 所示;常见的网络无线传输介质有微波、短波、红外线和激光等,如图 1-9 所示。

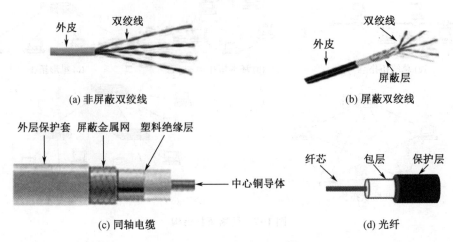

(a) 非屏蔽双绞线

(b) 屏蔽双绞线

(c) 同轴电缆

(d) 光纤

图 1-8 网络有线传输介质

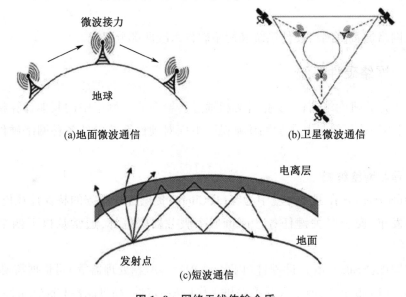

(a)地面微波通信

(b)卫星微波通信

(c)短波通信

图 1-9 网络无线传输介质

3. 网络设备

网络设备主要负责控制数据的接收、发送和转发。常用的网络设备有网卡、集线器、调制解调器、交换机、路由器和网关等。其中集线器、调制解调器工作在物理层,网卡、交换机工作在数据链路层,路由器则是网络层设备,而网关可以工作在应用层,后面章节会有具体的介绍,这里不再阐述。

1.4.2　网络软件系统

网络软件系统由网络协议、网络操作系统和其他网络应用软件组成。网络软件系统用来实现对网络的控制、管理、网络通信和资源共享等。

1. 网络协议

网络协议是网络中的计算机为了交流和通信而约定的规则。简单地说,网络协议就好比我们现实生活中的交通规则,如果行人或者车辆不遵守交通规则,如闯红灯或逆行,势必造成一片混乱。当然,网络协议肯定比交通规则复杂,网络没有了协议,就好像没有交通规则一样,通信肯定失去控制。接入互联网的协议通常是 TCP/IP,常见的还有 HTTP 超文本传输协议、FTP 文件传输协议等。

2. 网络操作系统

操作系统分为单机操作系统和网络操作系统。网络操作系统除实现单机操作系统的功能外,还必须具备用户通信和网络共享资源管理等功能。网络操作系统作为网络用户和计算机之间的接口,有多任务、大内存、对称多处理、网络负载均衡、远程管理等特点,为用户提供各种网络服务。一般情况下,网络操作系统应具备网络管理、网络功能、资源管理、网络服务、互操作能力等功能。

随着计算机网络技术的发展,网络操作系统日趋多样化,功能也不断完善,为用户提供了丰富的选择。目前,比较流行和常见的操作系统有 Windows 操作系统、Unix 操作系统、Linux 操作系统、麒麟操作系统,鸿蒙操作系统等。

（1）Windows 操作系统

Windows 操作系统是微软（Microsoft）公司开发的一款操作系统,分家用版本（工作站）和服务器版本。家用版本从 1985 年发行 Windows 1.0 至今,目前已经发展了 Windows 7、Windows 8、Windows 10 等版本。Windows 的服务器操作系统——Windows Server 自 2001 年推出以来,目前已经发展了 Windows Server 2012、Windows Server 2016 等版本。自 2008R2 版本开始,Windows Server 仅提供 64 位版本。

（2）Unix 操作系统

Unix 操作系统是一个多用户、多任务的实时操作系统,由 AT&T 贝尔实验室于 1969 年开发。Unix 操作系统被广泛应用于微机、工作站、小型机和大型机。Unix 操作系统是目前功能最强、安全和稳定性最好的网络操作系统,通常与硬件服务器产品一起捆绑销售。

（3）Linux 操作系统

Linux 操作系统的核心内容来源于经过实践考验的 Unix 操作系统,是一个多用户、多任务的操作系统。Linux 操作系统是芬兰赫尔辛基大学的学生 Linux Torvalds 开发的新一代网络操作系统。Linux 操作系统的最大特点在于其源代码完全开放,任何一个用户都可以根据自己的需要修改 Linux 内核,所以 Linux 操作系统出现任何漏洞都能及时被发现并快速被修复。

（4）麒麟操作系统

麒麟操作系统又称银河麒麟,是国防科技大学研制的开源服务器系统,担负着打破国外操作系统垄断,为中国提供一套自主知识产权的操作系统的重任。麒麟操作系统的研发始于 2002 年,初期整合了 Mach、FreeBSD、Linux、Windows 四个技术架构的系统设计。2009年,研发团队鉴于当时 Linux 操作系统的强势,采用了 Linux 内核并进行了自主创新的深度优化,经过多次迭代升级,拥有了服务器操作系统、桌面操作系统和嵌入式操作系统。2016年,麒麟操作系统开始为中国航天服务,如今,中国空间站和天问一号使用的都是麒麟操作系统。

(5)鸿蒙操作系统

鸿蒙的英文名是 Harmony OS,意为和谐。鸿蒙操作系统是华为公司开发的一款基于微内核、面向万物互联、全场景的分布式操作系统。鸿蒙操作系统能够对生活场景中的各类终端进行整合,可以实现不同终端设备之间的快速连接、能力互助、资源共享,匹配合适的设备,提供流畅的全场景体验,支持手机、平板、智能穿戴、智慧屏、车机等多种终端设备。

3. 其他网络应用软件

网络操作系统只是一个使用平台,要真正地利用网络资源,还必须有相对应的网络应用软件。网络应用软件种类繁多,不同的软件完成不同的网络任务。通常可以把网络应用软件分为浏览器、聊天、杀毒、网络播放器、下载工具等类型。

1.5　计算机网络的功能

计算机网络是计算机与通信技术的结合,其功能归纳起来主要有以下几点。

1. 数据通信和信息交换

组建计算机网络的目的就是使分布在不同物理位置上的计算机能够相互通信,通信手段更为方便和快捷,人们可以在数据通信的基础上进行各种信息交换,如收发文档、图片、电子邮件,发布信息和在线聊天等。

2. 资源共享

资源共享是指网络用户能不受地理位置的限制使用网络上的硬件、软件和数据资源。这里的"资源"包括计算处理能力、数据、应用程序、硬盘、打印机等。硬件资源主要是指计算机的信息处理能力、输入输出设备和大容量存储设备等。软件资源主要包括数据库管理系统、应用软件、开发工具和服务器软件等。数据资源是指信息和数据,如电子出版物、网上图书馆、网络新闻、网上超市等。

3. 协同与分布式处理

对于综合性的信息处理或大型计算问题,可以将任务分配给多台计算机进行处理。多台计算机相互协调,起到了均衡负荷和分布式处理的作用。

4. 提高可靠性

可靠性是网络性能的一个重要指标,一旦网络中的某台计算机出现故障,应该有可备份的资源,其任务由其他计算机代替完成。这样网络系统中的计算机可相互备份,从而提高系统的可靠性。

1.6　计算机网络的性能指标

计算机网络有几个很重要的指标,可以从不同的方面来衡量网络的性能。

1. 速率

计算机发出的信号都是数字形式的。网络技术中的速率指的是连接在网络上的主机在数字信道上传送数据的速率,单位是 b/s 也可以是 kb/s、Mb/s、Gb/s。

2. 带宽

在计算机网络中,带宽常用来表示网络的通信线路所能传送数据的能力,也就是在单位时间内从网络中的某一点到另一点所能通过的"最高数据率",单位是 b/s。

3. 时延

时延是指数据(报文或分组)从网络的一端传送到另一端所需的时间。网络中的时延由发送时延、传播时延、处理时延和排队时延组成。数据在网络中经历的总时延就是这四种时延之和,即

$$总时延 = 发送时延 + 传播时延 + 处理时延 + 排队时延$$

4. 往返时间(RTT)

往返时间表示从发送方发送数据开始,到发送方收到来自接收方的确认,总共花费的时间。

1.7　网络新技术

1.7.1　移动互联网

随着无线接入和移动终端技术的飞速发展,人们希望随时随地接入互联网,更快捷地获取信息和享受互联网服务,这一需求促进了移动互联网的快速发展。传统的互联网需要大量的资金铺设线路(如光纤),而移动互联网不需要线路铺设,节约了成本和材料,上网费用更加低廉,所以移动互联网相比传统互联网有很多优势。

1. 3G 技术

3G 是第三代移动通信技术的简称,在此之前,移动通信技术已经历了两个阶段:第一阶段是模拟蜂窝移动通信网,第二阶段是数字蜂窝移动通信系统。3G 技术主要是将无线通信和国际互联网等通信技术全面结合,以此形成一种全新的移动通信系统。3G 技术可以处理图像、音乐等媒体形式,除此之外,也包含了电话会议等一些商务功能。

3G 技术采用码分多址(CDMA)技术,现已基本形成了三大主流技术,包括 W-CDMA、CDMA-2000 和 TD-SCDMA。这三种技术都属于宽带 CDMA 技术,都能在静止状态下提供 2Mb/s 的数据传输速率,但这三种技术在工作模式、区域切换等方面又有各自不同的特点。

2. 4G 技术

4G 是第四代移动通信技术的简称,它是移动数据、移动计算和移动多媒体运作所需要

的移动通信技术,目前已得到广泛应用。

4G 技术集 3G 技术与无线局域网(WLAN)为一体,可以实现数据、音频、视频的快速传输。我国在 2001 年开始研发 4G 技术,在 2011 年正式投入使用。4G 技术主要包括正交频分复用、智能天线、多输入输出技术、软件无线电、基于 IP 的核心网等技术。

3.5G 技术

5G 是第五代移动通信技术的简称,是实现人机物互联的网络基础设施。华为公司为 5G 技术的发展做出巨大的贡献。5G 技术定义了三大类应用场景,即增强移动宽带、超高可靠低时延通信和海量机器类通信。增强移动宽带主要解决移动互联网流量爆炸式增长,为移动互联网用户提供更加极致的应用体验;超高可靠低时延通信主要面向工业控制、远程医疗、自动驾驶等对时延和可靠性具有极高要求的垂直行业应用需求;海量机器类通信主要面向智慧城市、智能家居、环境监测等以传感和数据采集为目标的应用需求。

移动通信已历经 1G、2G、3G、4G 的发展,每一次技术的进步,都极大地促进了产业升级和经济发展。5G 技术将渗透到社会的各个领域,成为支撑经济数字化、网络化、智能化的新型基础设施。

1.7.2 物联网

物联网的定义很简单,就是把物品通过射频识别等信息传感设备与互联网连接起来,实现智能化识别和管理。简单来讲,物联网是物与物、人与物之间的信息传递与控制,也称"物物相连的互联网",其核心和基础依然是互联网。

典型的物联网体系架构分为 3 层,自下而上分别是感知层、网络层和应用层。感知层主要实现感知功能,负责信息采集,进行物体识别;网络层主要实现信息的传递和通信;应用层则实现各类应用。物联网的用途极其广泛,主要涉及农业、公共安全、智能交通、照明管控、环境和工业监测、智能消防和电网等领域。

1.7.3 云计算

云计算是分布式计算的一种,指的是通过网络"云"将巨大的数据计算处理程序分解成无数个小程序,然后通过多台服务器组成的系统进行处理和分析这些小程序,并将得到的结果返回给用户。

云计算是一种提供资源的网络,使用者可以随时获取"云"上的资源,只要按使用量付费就可以。云计算是与信息技术、软件、互联网相关的一种服务,可以把许多计算资源集合起来,通过软件实现自动化管理,让资源被快速提供。

1.8 网络测试与维护命令

应用网络时经常会遇到网络故障,使用 Windows 内置的网络命令,能够解决不少常见问题。

1. ping 命令

ping 命令用于检测网络中两台主机在物理上是否连通。

ping 命令格式如下:ping 目标计算机名(或域名,IP 地址)。

ping 命令最常见的应用(测试网络连通性)如图 1-10 所示。

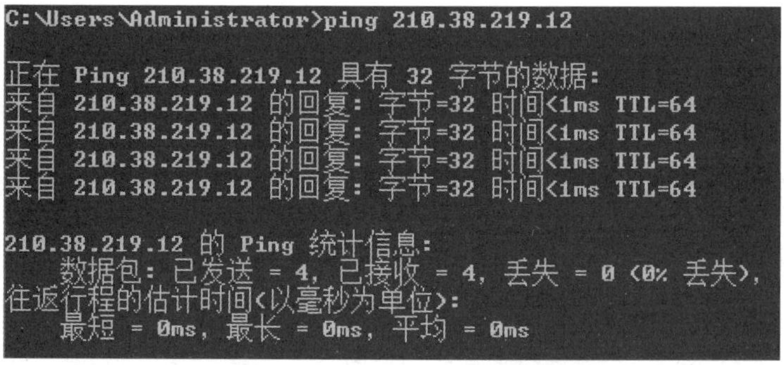

```
C:\Users\Administrator>ping 210.38.219.12

正在 Ping 210.38.219.12 具有 32 字节的数据:
来自 210.38.219.12 的回复: 字节=32 时间<1ms TTL=64
来自 210.38.219.12 的回复: 字节=32 时间<1ms TTL=64
来自 210.38.219.12 的回复: 字节=32 时间<1ms TTL=64
来自 210.38.219.12 的回复: 字节=32 时间<1ms TTL=64

210.38.219.12 的 Ping 统计信息:
    数据包: 已发送 = 4, 已接收 = 4, 丢失 = 0 (0% 丢失),
往返行程的估计时间(以毫秒为单位):
    最短 = 0ms, 最长 = 0ms, 平均 = 0ms
```

图 1-10 ping 命令测试网络连通性

ping 命令的参数比较多,如果要查询 ping 命令的参数,可以在命令提示符下输入"ping/?"来查看帮助。

2. ipconfig 命令

ipconfig 命令用于查看 TCP/IP 参数的设置是否正确,如图 1-11 所示,可获取当前计算机的 IP 地址、子网掩码和默认网关,主要用于网络故障分析。

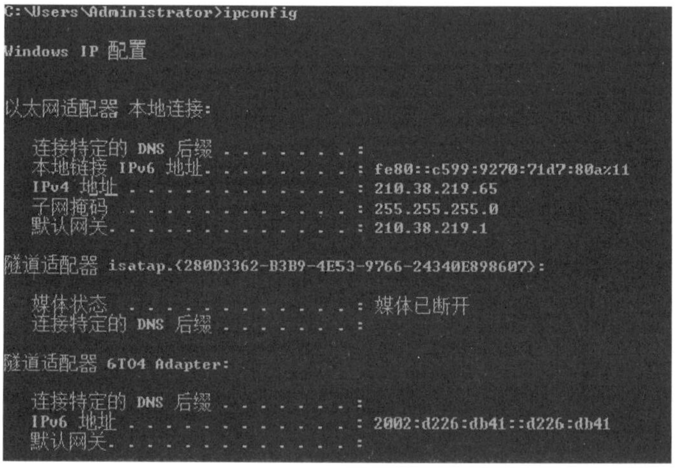

```
C:\Users\Administrator>ipconfig

Windows IP 配置

以太网适配器 本地连接:

   连接特定的 DNS 后缀 . . . . . . . :
   本地链接 IPv6 地址 . . . . . . . : fe80::c599:9270:71d7:80a%11
   IPv4 地址 . . . . . . . . . . . . : 210.38.219.65
   子网掩码 . . . . . . . . . . . . : 255.255.255.0
   默认网关 . . . . . . . . . . . . : 210.38.219.1

隧道适配器 isatap.{280D3362-B3B9-4E53-9766-24340E898607}:

   媒体状态 . . . . . . . . . . . . : 媒体已断开
   连接特定的 DNS 后缀 . . . . . . . :

隧道适配器 6TO4 Adapter:

   连接特定的 DNS 后缀 . . . . . . . :
   IPv6 地址 . . . . . . . . . . . . : 2002:d226:db41::d226:db41
   默认网关 . . . . . . . . . . . . :
```

图 1-11 ipconfig 命令

下面给出 ipconfig 命令常用的选项:

①ipconfig:当使用不带任何参数选项的 ipconfig 命令时,显示每个已经配置了接口的 IP 地址、子网掩码和默认网关。

②ipconfig/all:当使用 all 选项时,该命令能够显示 TCP/IP 相关的所有细节,包括主机名、结点类型、是否启用 IP 路由、网卡的物理地址(MAC)、默认网关等。

3. ARP 命令

ARP(Address Resolution Protocol)协议是 TCP/IP 协议族中的一个重要协议,用于 IP 地址与硬件地址解析转换表的管理,能够获得与 IP 地址相对应的网卡物理地址。使用 arp 命令,能够查看本地计算机或另一台计算机的 ARP 高速缓存中的当前内容。arp 命令如图 1-12 所示。

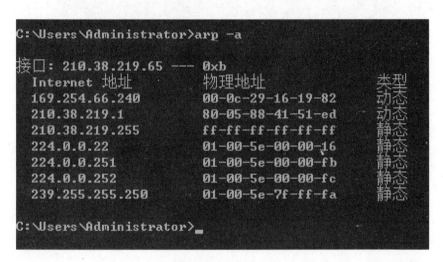

图 1-12　arp 命令

常用命令选项:

①arp-a:用于查看高速缓存中的所有项目。

②arp-a IP 物理地址:如果有多个网卡,那么使用 arp-a 加上接口的 IP 地址,就可以只显示与该接口相关的 ARP 缓存项目。

③arp-s IP 物理地址:向 ARP 高速缓存中人工输入一个静态项目。该项目在计算机引导过程中将保持有效状态,在出现错误时,人工配置的物理地址将自动更新该项目。

④arp-d IP 物理地址:使用本命令能够人工删除一个静态项目。

4. netstat 命令

netstat 命令用于显示与 IP、TCP、用户数据协议(User Datagram Protocol,UDP)和互联网控制消息协议(Internet Control Message Protocol,ICMP)相关的统计数据,用于检验本机各端口的网络连接情况。该命令常见的应用如下:

①netstat-a:显示所有连接和监听端口。

②netstat-n:以数字格式显示 IP 地址。

③netstat-o：显示每个连接所属的处理 id。

5. route 命令

route 命令用于管理静态路由表，可以对静态路由表进行增加、删除、改动、清除及显示。其命令格式如下：

route add[目标][掩码][网关]：增加一个路由。

route delete[目标][掩码][网关]：删除一个路由。

route change[目标][掩码][网关]：改变一个路由。

route print：用于显示路由表中的当前项目。

6. tracert 命令

tracert 命令是路由跟踪命令，用于确定 IP 数据包访问目标所采取的路径。tracert 命令向目标主机发送包含不同 IP 生存时间(TTL)字段的一系列 ICMP 数据包，路径上每个路由器在转发数据包时需将 TTL 值递减 1，数据包上的 TTL 值为 0 时，路由器将"ICMP 已超时"的消息发送回源系统。tracert 先发送 TTL 值为 1 的 ICMP 数据包，随后每次发送数据包 TTL 值都递增 1，直到目标响应或 TTL 值达到最大值，从而确定路由。

图 1-13 为 tracert 命令，其参数如下：

-d　　　不将 IP 地址解析成主机名。

-h　maximum-hops　　指定跃点数以跟踪到主机路由。

-j host-list　　指定 tracert 实用程序数据包所采用路径中的路由器接口列表。

-w timeout　　　等待 timeout 为每次回复所指定的毫秒数。

```
C:\Users\Administrator>tracert www.sohu.com

通过最多 30 个跃点跟踪
到 best.sched.d0-dk.tdnsdp1.cn [157.255.135.82] 的路由：

  1     *        <1 毫秒    <1 毫秒 210.38.219.1
  2     3 ms        3 ms       5 ms  211.96.108.1
  3     3 ms        5 ms       3 ms  120.80.233.165
  4    11 ms       12 ms      11 ms  112.96.0.153
  5    18 ms       18 ms      18 ms  120.81.0.106
  6    17 ms       18 ms      17 ms  120.80.73.98
  7     *           *          *     请求超时。
  8     *           *          *     请求超时。
  9    18 ms       18 ms      18 ms  157.255.135.82

跟踪完成。

C:\Users\Administrator>
```

图 1-13　tracert 命令

1.9 本章实验

1. 实验目的

(1)学会使用 NetMeeting 软件(界面如图 1-14 所示)。

(2)掌握在局域网中使用 NetMeeting 软件的方法。

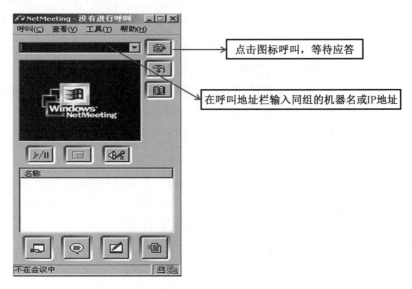

图 1-14 Netmeeting 界面

2. 实验要求

(1)实验设备:安装 Windows 7 32 位操作系统的联网计算机若干台(VMware 环境也可以)。

(2)每组 2~3 人,合作完成。

3. 实验内容

(1)安装 NetMeeting。

(2)设置 NetMeeting。

(3)使用 NetMeeting。

4. 实验步骤

(1)安装 NetMeeting。

(2)呼叫和应答。

(3)共享程序。

(4)聊天功能。

(5)白板功能。

(6)传送文件。

5. 实验分析

(1)为什么在安装 NetMeeting 软件之前,局域网中的计算机都必须安装 TCP/IP 协议?

（2）是否所有的与会者都可以使用白板进行交谈？

（3）文件传送是否可以选择对象？给一个人传送文件和给多个人传送文件，花费的时间一样吗？

（4）通过使用 NetMeeting 写出享受网络应用的感受（结合网络的功能）。

1.10　本章习题

一、填空题

1. 按照地理覆盖范围，计算机网络可分为_____、_____、_____和_____。

2. 常见的网络操作系统有_____、_____、_____、_____和_____。

3. 计算机网络系统由_____和_____组成。

4. 计算机网络是_____技术与_____技术相结合的产物。

5. 计算机网络由通信子网和_____组成。

6. 局域网的英文缩写为_____，城域网的英文缩写为_____，广域网的英文缩写为_____。

二、单选题

1. 在计算机网络的发展过程中，_____称为互联网最早的雏形。

A. Novell　　　　B. VMware　　　　C. ARPANET　　　　D. Oracle

2. 某个节点的故障不会对网络中其他节点造成影响的网络拓扑结构是_____。

A. 星形　　　　B. 树形　　　　C. 总线形　　　　D. 环形

3. 计算机互联的主要目的是_____。

A. 资源共享　　　B. 集中计算　　　C. 制定网络协议　　D. 以上全部

4. 一座大楼内的一个计算机网络系统属于_____。

A. 广域网　　　B. 城域网　　　C. 局域网　　　D. 互联网

5. 在常用的传输介质中，带宽最大、抗干扰能力最强的是_____。

A. 双绞线　　　B. 光纤　　　C. 同轴电缆　　　D. 互联网

三、简答题

1. 什么是计算机网络？

2. 计算机网络的产生和发展经历了哪几个阶段？

3. 什么是通信子网和资源子网？

4. 结合 NetMeeting 软件的使用谈谈计算机网络都有哪些功能？

5. 常见的网络传输介质有哪些？

6. 常见的网络拓扑结构有哪些？分别介绍一下它们的优缺点。

7. 移动互联网的发展经历了哪些阶段？什么是云计算、物联网？

8. 什么是互联网？万维网与互联网一样吗？

第2章　计算机网络体系结构

2.1　分层的好处

　　计算机网络是一个非常庞大而复杂的系统,涉及通信、计算机、多媒体等诸多领域,其用户及设备遍布全球各个角落,还要面对各种类型的端系统、链路和中继设备。端系统怎样才能进行交互和通信,有什么办法能对其进行描述和规范呢? 我们用下面的例子来说明一下。假设潮州市的一个小学生和曼谷的一位网络专家进行通话(模拟网络端系统的通信),网络端系统通信模拟图如图2-1所示。

图 2-1　网络端系统通信模拟图

　　为了实现人与人的通信,我们将这个过程分为三个层次(部分)来解决,分别是认知层、语言层、通信层,以达到化繁为简的目的。然而,如果出现表2-1的情况,小学生是没有办法和专家进行通信的,网络术语称为协议不兼容,协议即通信双方约定的一些规则。

表 2-1　协议不兼容

	潮州市小学生	专家	结果	网络术语
谈论内容	上下学	网络技术	话不投机	认识层"协议"不兼容
所用语言	潮州话	英语	云里雾里	语言层"协议"不兼容
通信方式	固定电话	计算机	不可沟通	通信层"协议"不兼容

　　那么如何实现人与人的通信呢? 当我们使通信双方出现表2-2的情况,双方的通信就能顺利进行,网络术语称为协议兼容。

表 2-2　协议兼容

	潮州市小学生	潮籍专家	结果	网络术语
谈论内容	上下学	家乡变化	OK	认识层"协议"兼容

表 2-2(续)

	潮州市小学生	潮籍专家	结果	网络术语
所用语言	潮州话	潮州话	OK	语言层"协议"兼容
通信方式	固定电话	固定电话	OK	通信层"协议"兼容

从上面所述的情况来看,人与人之间要交流思想,借助了一个分层次的体系结构;层次之间不是相互孤立的,而是密切相关的,上层的功能是建立在下层的基础上,下层为上层提供某些服务,而且每层还应有一定的规则。人与人之间的交流尚且如此复杂,更不用说机器了。为了完成网络中两个端系统的通信,网络通信也借助了分层的体系结构,只是区分得更细一些。

2.2　分层的网络体系结构

2.2.1　网络协议

人与人交流,通信的双方必须遵守一定的规则。规则的存在,其实是为了保障通信系统的正常运行。如在交通系统中,行人、车辆都需要遵守交通规则,以保障道路的畅通。网络中也是如此,计算机之间的通信必须遵循同一套规则,即网络协议,否则通信无法正常进行。

在计算机网络中,协议规定了信息的格式、发送/接收信息的方法,其主要由语法、语义和时序三部分组成。

(1)语法:语法规定了数据与控制信息的结构或格式、信号电平、编码等,通俗一点称为"如何讲"。

(2)语义:语义规定协议元素的类型、通信双方要发出何种控制信息、完成何种动作及做出何种应答等,也就是我们通常说的"讲什么"。

(3)时序:时序又称为同步,指事件执行的顺序,即在实现操作时先做什么,后做什么,即"何时讲"。

2.2.2　对等层通信

网络通信非常复杂,不仅涉及各种硬件,还涉及各种各样的软件和协议。实践证明,解决复杂问题行之有效的办法就是分而治之,其基本思想就是将系统模块化,并按层次进行组织。为了使网络中的计算机能实现通信,计算机网络使用了图 2-2 所示的对等层通信结构。

从图 2-2 中,我们可以发现以下几点:

(1)网络中的任何一个系统都是按照层次结构来组织的;

(2)同一网络中,任意两个端系统必须具有相同的层次;

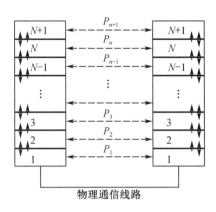

图 2-2 对等层通信

（3）通信只在对等层间进行（间接的、逻辑的、虚拟的），非对等层之间不能互相"通信"；

（4）实际的物理通信只在最底层完成；

（5）第 n 层协议，即第 n 层对等实体间通信时遵循的规则或约定。

这种通信我们称为对等层通信，它的实质是在协议控制下的虚拟逻辑通信，下层向上层提供服务，上层依赖下层提供的服务，实际通信在最底层完成。

2.3 OSI 模型

1984 年，国际标准化组织发表了著名的 ISO/IEC 7498 标准，定义了网络互联的 7 层框架，这就是开放系统互联参考模型 ISO/OSI RM。这里的"开放"是指只要遵循 OSI 标准的系统，就可以在任何时间、任何地点进行通信。OSI 参考模型如图 2-3 所示。

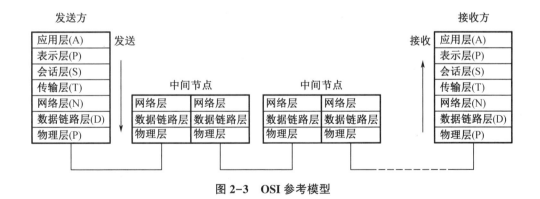

图 2-3 OSI 参考模型

分层不仅明确了通信流程，也有利于工程师的分工合作。通常物理层的问题由通信工程师负责解决，诸如研发传输媒介，使信号在线路上更快、更稳定地传输；网络工程师则负责解决数据链路层和网络层的问题，包括如何封装数据包以保证其能在不同的网络传输、数据包的路径选择等;传输层、会话层、表示层、应用层的问题则由软件工程师解决,如应用程序之间的通信、数据以什么形式表示、信息是否需要加密、数据传输是否需要稳定连接等。

1. 物理层

物理层由光纤、双绞线和电磁波等物理媒介组成。物理层传输的数据是比特流,它的设计要求是保证发送方发出的数据是"1",接收方收到的数据也是"1",而不是"0"。

2. 数据链路层

数据链路层接收来自物理层的比特流,并将无结构的比特组合成帧,利用协议来交换这些单元,负责建立逻辑连接、硬件地址寻址、差错校验等功能。

3. 网络层

网络层负责确定数据包(分组)从源至目的端经过的路径(路由),还负责拥塞控制、网络互联、计费和安全等功能。

4. 传输层

传输层的数据单位是报文,通过建立逻辑连接,提供流量控制、分段/重组和差错校验等功能,实现端到端之间的可靠数据传输。

5. 会话层

应用进程之间为完成某项任务需要进行一系列内容相关的信息交换,会话层为这种交换提供了控制机制,即负责为通信的应用程序创建、维护和释放连接。

6. 表示层

表示层解决计算机系统之间的差异问题,为应用进程之间交换的数据提供表示方法,包括编码方式、加密方式、压缩方式,使端系统之间彼此能明白对方数据的含义。

7. 应用层

应用层是面向应用程序的一层,是用户与网络的接口,简单点说就是负责接收用户数据,完成计算机的实际工作。人们可以通过各种应用程序(QQ、浏览器等客户端程序或 Web 服务器程序)向网络发出各种请求。

OSI 模型的目的是实现端系统之间的通信,并为各大厂商提供标准化规范。下面以寄信为例(图 2-4)对层次关系进行说明。

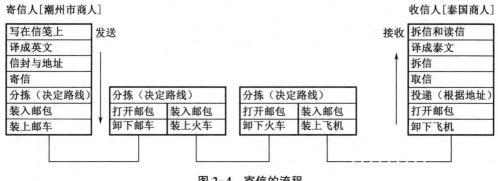

图 2-4　寄信的流程

2.4　TCP/IP 模型

2.4.1　TCP/IP 模型概述

OSI 模型是一个重要的计算机网络参考模型,对计算机网络的研究和发展具有重要的意义,但由于其实现起来过于复杂,没能够获得大范围的工程应用。与此同时,另外一个模型却得到众多大型网络公司的支持,成为事实上的标准,这就是我们经常提到的 TCP/IP 模型。TCP/IP 最早出现在 ARPANET 上(美国国防高级研究计划局资助的网络),随着 ARPANET 逐步发展成为今天的互联网,TCP/IP 也成为接入互联网的标准,TCP/IP 推动了互联网的快速发展。

1969 年,ARPANET 提出了 TCP/IP 模型,它是一个四层体系结构,从上到下分别是应用层、运输层、网际层、网络接口层。TCP/IP 模型简单实用,但网络接口层仅是一个接口。OSI 模型与 TCP/IP 模型相比较,虽然复杂且不实用,但结构完整,概念清楚。因此在网络的学习和研究中,TCP/IP 模型常常采用折中的五层模型,如图 2-5 所示,从高到低依次为应用层、运输层、网际层、数据链路层和物理层。

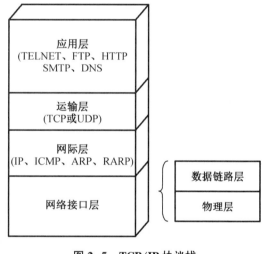

图 2-5　TCP/IP 协议栈

人们通常用 TCP/IP 协议栈来描述 TCP/IP 模型,它不仅仅包括 TCP 和 IP 两个协议,还包括相关的很多通信协议,分布在运输层、网际层。对于网际层以下,TCP/IP 模型没有进行详细描述,只是强调主机必须使用某种协议与网络连接,使 IP 分组能在其上进行传递。

2.4.2　TCP/IP 模型各层功能

TCP/IP 是目前应用最广泛的协议,与 OSI 模型一样都是按功能分层,但两者差异很大,如图 2-6 所示。

1. 物理层

物理层位于体系结构的最底层,主要任务是实现两个物理设备之间二进制比特流的传输。物理层协议实际上就是物理层接口标准,可用机械特性、电气特性、功能特性、规程特性来描述,其常用的协议有 EIA RS-232-C、EIA RS-449 等。物理层涉及众多种类的物理设备和媒介,其功能是尽量屏蔽这些差异,为数据链路层提供透明服务。

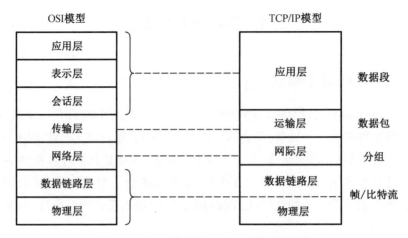

图 2-6　OSI 模型和 TCP/IP 模型比较图

2. 数据链路层

数据链路层的主要功能是封装成帧、透明传输和差错检测。个人或用户要接入互联网,通常需要连接到某个 ISP(因特网运营商),PPP(point-to-point protocol)协议是用户计算机和 ISP 通信时常用的数据链路层协议。

(1)封装成帧

帧是链路层的单位,当接收到网络层的数据时,链路层在数据前后加上首部和尾部就形成了帧;当接收到来自物理层的比特流时,链路层可依据帧首部和尾部识别帧,将比特流封装成帧。

(2)透明传输

透明传输是对用于识别帧首部和尾部的信息采取一定的措施,保证接收方能正确识别信息的语义。

(3)差错检测

数据在链路中传输难免会受到各种因素的影响而出错,因此链路层必须具有差错检测功能。PPP 协议规定,接收方收到一个数据帧,需要进行差错检测,如果没有出错,就收下这个帧,否则就将其丢弃。

PPP 协议的工作流程如下:

(1)当用户要接入互联网时,用户计算机向 ISP 路由器发送一系列 LCP(链路控制协议)帧建立数据链路;

(2)链路建立后,通过 NCP(网络控制协议)进行网络层协议配置,给用户计算机分配一个 IP 地址,用户就可以接入互联网;

(3)将 IP 数据报封装成帧进行数据通信;

(4)通信结束时,NCP 释放网络层连接,收回已分配的 IP 地址,然后 LCP 断开链路。

3. 网际层

TCP/IP 模型的网际层对应 OSI 模型的网络层,它的任务是实现网络互联和路由选择,完成端系统主机到主机的通信。

网际层位于数据链路层之上,运输层之下,它为运输层提供两种不同的服务,一种是"面向连接"的,另一种是"无连接"的。

"面向连接"提供可靠的数据传输,保证分组无差错且按序到达目的方。为了保证传输的可靠性,在传输数据之前必须建立逻辑信道,所以"面向连接"的通信协议很复杂,网络软硬件的设计难度较大。"无连接"服务传输数据前不用建立连接,分组独立发送,不同的分组独立寻址,也不保证分组按序到达和交付时限,只是"尽最大努力交付"。"面向连接"的方式更加可靠,"无连接"只负责传输,不保证可靠性。两种方式各有优缺点,在实际应用场景中,需根据情况进行选择。

网际层有几个重要的协议:

(1)IP。IP是网际层中最重要的协议。IP的基本功能是寻址和分段。IP可重组数据报,改变数据报大小,以适应不同网络对包大小的需要。IP定义了三个重要的内容。

①定义了互联网上数据传输的基本单元。

②网络层在数据报前添加IP首部,所以数据报能自主选择合适的路径。

③定义了处理IP数据报异常情况的规则。

(2)ICMP。由于IP不具备差错控制能力,ICMP被设计用来辅助IP实现控制功能,负责网络差错报告和网络运行状态。最常用的网络检测工具ping命令,即通过发送ICMP报文来检测网络状态的。

(3)ARP,又称地址解析协议,在整个互联网中,IP地址屏蔽了各个物理网络地址的差异,通过数据报中的IP地址找到对方主机。但是,数据到了局域网中,网络中实际传输的是"帧",帧里面有目标主机的MAC地址,也就是硬件地址。在以太网中,一个主机要和另一个主机进行直接通信,必须知道目标主机的MAC地址,从IP地址变成MAC地址这个工作就是通过ARP协议进行的。

(4)RARP。RARP(Reverse Address Resolution Protocol)即逆地址解析协议,其主要作用是把MAC地址解析为IP地址。

RARP的典型应用是无盘工作站,无盘工作站就是没有硬盘的计算机,启动时只有硬件地址,可保证数据的安全与可靠,目前RARP在金融和证券机构应用广泛。

4. 运输层

TCP/IP模型的运输层对应于OSI模型的传输层,位于应用层之下,网际层之上,为应用层提供端到端的通信服务,这一层定义了TCP和UDP两个端到端的协议。

TCP是面向连接的传输层协议,在双方通信前,必须通过三次握手机制建立可靠的连接,通信结束后,通信双方经过"四次挥手"关闭连接。

UDP是无连接的传输层协议。通信双方在通信前不需要建立连接,接收方收到UDP用户数据报,只进行差错检测,如果检验正确则收下,否则丢弃。

常见互联网应用使用TCP协议,而IP电话、流式多媒体则使用UDP协议。

5. 应用层

TCP/IP模型的应用层对应OSI模型的应用层、表示层、会话层。应用层为用户访问网络提供服务,是应用进程与网络环境的软接口。每个应用层协议都是为了解决某一种具体应用而设计的。应用层的具体内容是规定应用进程在通信时所遵循的协议。常见的协议有超文本传输协议(HTTP)、文件传输协议(FTP)、电子邮件传输协议(SMTP)、远程登录服务 Telnet、DNS 服务。关于这些应用,将在后面的章节加以详细介绍。

2.5 IP 地 址

IP 地址用于在互联网上标识一台计算机,对于互联网上的主机而言,这个地址是全球唯一的,相当于我们的身份证号码。个人用户可向 ISP 申请接入互联网,通过该 ISP 获取 IP 地址,接入互联网。目前较常用的 IP 地址是 IPv4,如"210.38.210.100"就是一个标准格式的 IP 地址,这种方式称为"点分十进制"。IP 地址也可使用二进制表示,如图 2-7 所示。从图中我们可以发现,IP 地址由网络号和主机号构成,这样有利于快速定位。正如一个完整的电话号码是由"区号+本地电话号码"组成一样——前者表示"在哪个地方",后者表示"是该地方的哪部电话"。要确定互联网一台计算机也需要两个信息:在哪个网络上?是该网络的哪台主机?因此 IP 地址 = 网络号(NetID)+ 主机号(HostID)。IP 地址由 32 个比特组成,地址空间为 2^{32}。

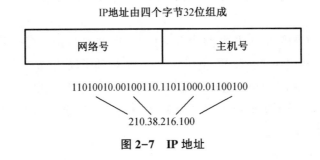

图 2-7 IP 地 址

2.5.1 分类的 IP 地址

按网络规模的大小,IP 地址分为 A、B、C、D、E 共 5 类,如图 2-8 所示。

1. A 类地址

A 类 IP 地址由一个字节的网络号和三个字节的主机号组成,A 类网络的类型标识是第 1 个比特以"0"开头,一般用于较大规模的网络。第 1 个字节以 0 开头,其余 7 位为网络号,其他 3 个字节为主机号。IP 地址范围:1.0.0.0~126.255.255.255,共 126 个网络地址。IP 地址中规定,网络号全"0"和全"1"用于特殊用途,所以 A 类网络的网络号为 $2^7-2=126$ 个;主机号全"0"和全"1"也有特殊用途,因此 A 类网络的主机号为 $2^{24}-2=16\ 777\ 214$ 个。

2. B 类地址

B 类 IP 地址的前两个字节表示网络号,而且最前面的类型标识以"10"开头,后两个字节表示主机号,用于中等规模的网络。由于最前面的标识固定,所以 B 类网络没有全"0"和全"1"的可能,因此 B 类有 2^{14} 个可供选择的网络地址。B 类网络的主机号计算方法和 A 类地址类似(主机号不能取全"0"和全"1"),所以共有 $2^{16}-2$ 个主机号可供选择。IP 地址范围:128.0.0.0~191.255.255.255。

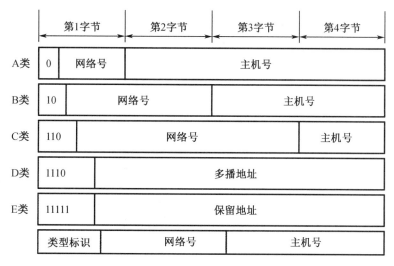

图 2-8　分类的 IP 地址

3. C 类地址

C 类 IP 地址的前三个字节为网络号,前面的类型标识以"110"开头,第四个字节表示主机号。由于网络号前三位的类型标识为"110",所以网络号不存在全"0"和全"1"的可能。C 类地址共存在 2^{21} 个网络地址。C 类网络的主机号计算方法和 A 类地址类似(主机号不能取全"0"和全"1"),所以共有 2^8-2 个主机号可供选择。IP 地址范围:192.0.0.0~223.255.255.255。

4. D 类地址

D 类 IP 地址不分网络号和主机号,前面的类型标识以"1110"开头。目前,这一类地址被用于多播通信中。

5. E 类地址

E 类 IP 地址的类型标识以"1111"开头。E 类地址是为未来预留的,主要用于实验。IP 地址范围:240.0.0.0~255.255.255.255。

常用三类 IP 地址的使用范围如表 2-3 所示。

表 2-3　常用三类 IP 地址的使用范围

网络类别	最大网络数	第 1 个网络号	最后一个网络号	每个网络最大主机数
A 类	126(2^7-2)	1	126	16 777 214($2^{24}-2$)
B 类	16 384(2^{14})	128.0	191.255	65 534($2^{16}-2$)
C 类	2 097 152(2^{21})	192.0.0	223.255.255	254(2^8-2)

2.5.2 特殊的IP地址

1. 广播地址

广播就是向本网络的所有主机发送信息,通常把主机号全为"1"的地址称为广播地址。例如,A类IP地址是"40.10.10.10",它的广播地址就是"40.255.255.255"。

2. 有限广播地址

如需要在本网络内广播,但又不知道本网络的网络号时,可用有限广播地址,即"255.255.255.255",有限广播不需要指明网络号。

3. 网络地址

网络地址标识同一个物理网络上的所有主机,由网络号和全"0"的主机号构成。例如,A类IP地址是"40.10.10.10",它的广播地址就是"40.0.0.0"。

4. 回环测试地址

第一个字节以"127"开头的地址就是回环测试地址,这类地址用于网络软件测试和本机进程间的通信。人们习惯将"127.0.0.1"作为回环测试地址。

5. 私有地址

私有地址专门用于机构内部,这些地址不存在于互联网上,可以被各机构在内部通信中重复使用,这样可有效地节约公网地址。

①A类:10.0.0.0~10.255.255.255。

②B类:172.16.0.0~172.255.255.255。

③C类:192.168.0.0~192.168.255.255。

2.6 子网的划分

IPv4地址由32位组成,理论上其空间可包含2^{32}(近43亿)台主机,数量已经足够多,但由于互联网的迅速发展,IP地址已经被分得差不多了,只剩下少量的IP地址,这是ARPANET的专家始料未及的。

由于互联网的迅猛发展,IP地址需求非常大,但其实IP地址的浪费也比较严重。例如,对一个申请了B类地址的公司来说,其主机数达到了$2^{16}-2=65\ 534$台,但实际上不可能用这么多的IP地址,大部分被闲置了。为了节约IP地址,技术人员在分类的IP地址上进行了一些改进,将主机号分为子网号和主机号两部分,这样能充分利用主机号部分的编址能力。由于这一改变,IP地址由原来的二级结构变成三级结构,如图2-9所示,网络地址=网络号+子网号+主机号,这样没有办法判断网络号有多少位,所以提出了子网掩码的概念,用以识别网络号到底有多少位。

1. 子网掩码的作用

子网掩码是长度为32位的二进制数,其前半部分全为"1",对应IP地址中网络地址的每一位(网络号+子网号);后半部分全为"0",对应IP地址中的主机号。由于A、B、C类IP地址的主机号和网络号是确定的,所以子网掩码的取值也是确定的(表2-4)。

图 2-9 子网划分

表 2-4 常用三类 IP 地址的子网掩码

网络类别	子网掩码(点分十进制)	子网掩码(二进制)
A 类	255.0.0.0	11111111.00000000.00000000.00000000
B 类	255.255.0.0	11111111.11111111.00000000.00000000
C 类	255.255.255.0	11111111.11111111.11111111.00000000

2. 子网掩码的"逻辑与"运算

在互联网中,通信双方首先要判定彼此的网络号是否相同,如相同则直接交付,如不同则要通过路由器等网络设备转发。142.4.2.10 是一个 B 类 IP 地址,采用的子网掩码不是默认的,明显是从主机号部分拿出了 8 位进行子网划分,将 IP 地址与子网掩码按位进行"逻辑与"运算,就可以得到网络号,如图 2-10 所示。

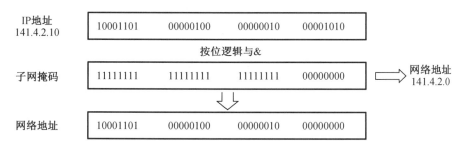

图 2-10 子网掩码的与运算

无论何时主机试图和其他主机通信时,IP 都检查源 IP 地址和目标地址,并把它们跟发送主机的子网掩码比较(与运算)。运算结果相同,两台主机为同一子网,源主机就用 ARP 确定目标主机的硬件地址;运算结果不相同,两台主机不在同一子网,源主机就用 ARP 确定默认网关的硬件地址,并将数据报转发给默认网关。例如,现有 172.211.10.50 和 172.31.200.100 两主机,子网掩码均为 255.255.0.0,它们是否为同一子网?答案显然是不同子网,因为经过与运算后,它们的网络号不一样,分别是 172.211.0.0 和 172.31.0.0。

现在,假设申请到一个 C 类网络,网络号为"192.100.50.0"。这个网络的主机号有 $2^8 - 2 = 254$ 个,如果要把这个网络划分为 4 个子网,则可在主机号部分拿出两位,将子网掩码设置为"11111111.11111111.11111111.11000000",即"255.255.255.192",此时 4 个子网的 IP 地址取值范围如下。

（1）网络号：192.100.50.0。IP 地址范围：192.100.50.1～192.100.50.62

（2）网络号：192.100.50.64。IP 地址范围：192.100.50.65～192.100.50.126

（3）网络号：192.100.50.128。IP 地址范围：192.100.50.129～192.100.50.190

（4）网络号 192.100.50.192。IP 地址范围：192.100.50.193～192.100.50.254

2.7　IPv6

现在使用的 IPv4 技术，核心技术属于美国，它的最大问题是 IP 地址资源非常有限。IPv4 可使用的 IP 地址约有 43 亿个，其中北美占用了 3/4，约 30 亿个，而人口最多的亚洲只有不到 4 亿个，我国仅有 3 000 万个。由于互联网的迅速发展，IP 地址的资源面临极大挑战。IPv4 是 20 世纪 70 年代设计的，当时的设计者对于互联网规模和设想考虑不足，IPv4 的局限性也逐渐显现。为了解决 IPv4 的一系列问题，互联网工程任务组（IETF）从 1995 年开始研究下一代 IP，即 IPv6。

IPv6 的地址由 32 位增加到 128 位，地址空间达到 2^{128}，这么大的地址空间在可预见的将来是足够用的，可以让地球上每个人拥有 1 600 万个地址，巨大的网络地址空间将从根本上解决网络地址枯竭的问题。打一个形象的比喻，如果将 IPv4 地址平均地分配给地球的表面，大概 1 m^2 可以分到一个，而 IPv6 如果也按面积分配，则每平方米可分到 71 023 个。

由于 IPv6 的位数增加，使用 IPv4 的"点分十进制"表示 IPv6 就不太方便了，IPv6 使用冒号十六进制记法，即 16 位二进制作为一段，每段用十六进制表示，各段之间用冒号隔开，例如"AC1B：0DA8：00A1：0000：0000：0000：0000：0008"。

在十六进制中允许把数字前面的 0 省略，那么上述地址就可简化为"AC1B：DA8：A1：0000：0000：0000：0000：8"。仔细观察这个简化后的地址，发现其中还有很多个连续的"0"，采用十六进制的"零压缩法"进一步简化，最终的 IPv6 地址表示为"AC1B：DA8：A1：：8"，也就是连续的"0"用一对冒号表示。

2.8　本 章 实 验

2.8.1　实验一：配置 TCP/IP 参数

1. 实验要求

（1）掌握为主机配置动态 IP 地址的方法。

（2）掌握使用 ipconfig/all 查看 TCP/IP 参数的方法。

（3）掌握为主机配置静态 IP 地址的方法。

2. 实验设备

已接入网络的计算机，Windows 7 32/64 位操作系统。

3. 实验步骤

（1）配置动态 IP 地址

①通过"开始→控制面板→网络和共享中心→本地连接"，打开"本地连接状态"窗口，如图 2-11 所示

图 2-11 本地连接状态窗口

②在"本地连接状态"窗口中单击"属性"按钮，弹出"本地连接属性"窗口，如图 2-12 所示，选择"Internet 协议版本 4（TCP/IPv4）"并单击"属性"按钮，弹出如图 2-13 所示窗口。

③在图 2-13 中选择"自动获得 IP 地址"和"自动获得 DNS 服务器地址"选项。这时计算机获得了一系列 TCP/IP 参数，可用 ipconfig/all 查看。

（2）使用 ipconfig/all 查看 TCP/IP 参数

通过"开始→运行"，输入 cmd 命令，弹出如图 2-14 的窗口，使用 ipconfig/all 查看 TCP/IP 参数。不管是静态还是动态配置 IP 地址，都可以使用该命令查看相关的 TCP/IP 参数。

（3）配置静态 IP 地址

①配置 TCP/IP 参数的另一个办法是单击 Windows 任务栏的右下角的计算机图标，打开"网络和共享中心→本地连接"，弹出"本地连接状态"窗口，如图 2-11 所示。

②单击"本地连接状态"窗口的"属性"按钮，在弹出的"本地连接属性"窗口中选择"Internet 协议版本 4（TCP/IPv4）"，如图 2-12 所示。

图 2-12　本地连接属性窗口

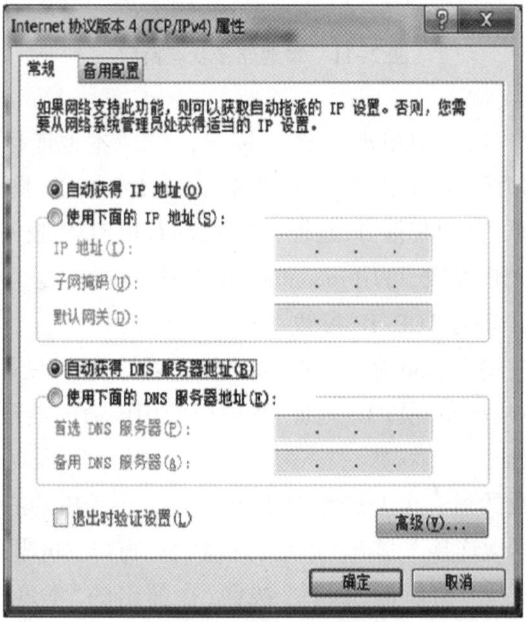

图 2-13　配置动态 IP 地址

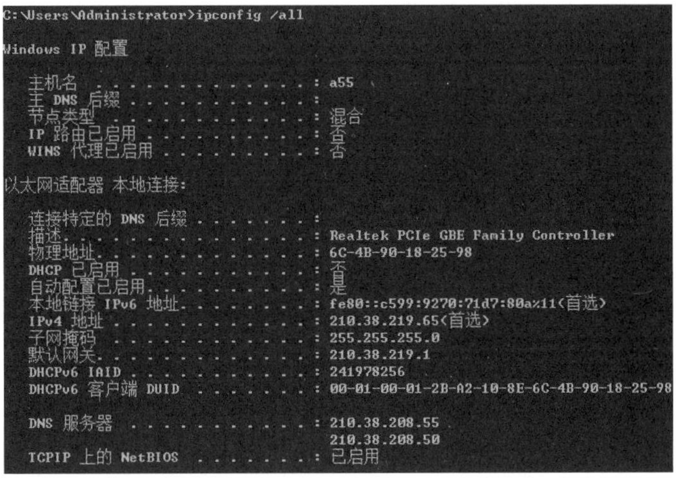

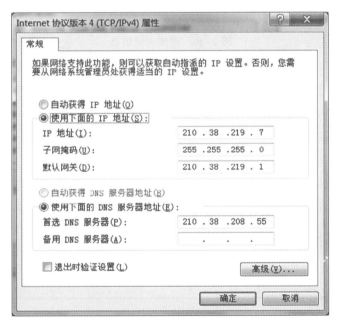

图 2-14 使用 ipconfig/all 查看 TCP/IP 参数

③单击"确认"按钮,在图 2-15 所示页面,选择"使用下面的 IP 地址"选项,依次填入 IP 地址、子网掩码、默认网关、首选 DNS 服务器的信息。

图 2-15 配置 TCP/IP 参数

④单击"确认"按钮保存配置,关闭窗口。单击"本地连接状态"窗口中的"详细信息"按钮,此时情况如图2-16所示,也可以查看TCP/IP参数。

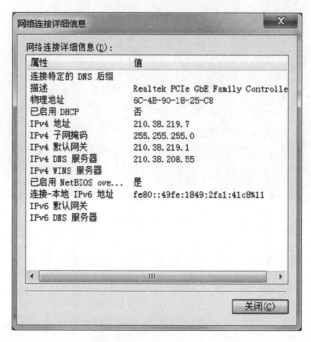

图2-16　详细网络信息

4. 实验总结

(1)ipconfig命令可以用来确认所安装的TCP/IP驱动程序是否已正常启动及IP地址是否正确,若正确则可以看到一些正常的配置值,如IP地址、子网掩码、默认网关。请问你知道这些TCP/IP参数有什么作用吗?

(2)IP地址和MAC地址有什么不同?

(3)怎样使用ping命令测试所配置的TCP/IP功能是否正常,测试该计算机是否可以与其他计算机正常通信?

2.8.2　实验二:子网规划

1. 实验目的

(1)掌握子网划分的原理。

(2)掌握子网划分的方法。

(3)了解子网划分的用途。

2. 实验设备

已连接好的局域网(计算机为Windows 10)。

3. 实验内容

(1)将给定的网络地址按要求划分为子网地址。

(2)设置计算机的IP地址和子网掩码,测试子网连通性。

4. 实验步骤

视情况将学生分为若干小组(如 4 人为一小组)。假设本实验中所有的计算机都位于 192.168.X.0 网络中(X 为小组的编号),现在要求将每组划分为两个子网,网络拓扑如图 2-17 所示。

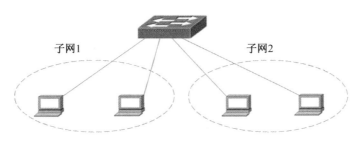

图 2-17 子网划分拓扑图

(1)子网规划。

首先要确定子网掩码。由于要将 192.168.X.0 划分为两个子网,这是一个 C 类网络号,所以从最后一个字节拿出一位,则子网掩码为 255.255.255.128,主机号为 7 位,可容纳 $2^7-2=126$ 台主机。第一个子网的网络地址为 192.168.X.0,IP 地址的范围是 192.168.X.1~192.168.X.126,第二个子网的网络地址为 192.168.X.128,IP 地址的范围是 192.168.X.129~192.168.X.254。

(2)设置网络中各计算机的 IP 地址和子网掩码。

(3)用 ping 命令测试子网的连通性。当两台计算机处于同一子网时,可以连通;当两台计算机处于不同子网时,不可以连通。

5. 实验总结

(1)为什么要划分子网?

(2)划分子网后,IP 地址由哪几部分组成?子网掩码有什么作用?

(3)如果要将 192.168.X.0 划分为 3 个子网,则子网掩码应设置成什么?每个子网的网络地址是什么?简述每个子网可以使用的 IP 地址范围。

2.9 本章习题

一、填空题

1. 为进行网络中的数据交换而建立的规则、标准或约定称为_____。

2. 网络协议的三要素是_____、_____和_____。

3. OSI 模型共有 7 层,从低到高依次为_____、_____、_____、_____、_____、_____、_____。

4. TCP/IP 模型分为 4 层,分别为_____、_____、_____、_____。

5. IP 地址由_____和_____两部分组成。

6. _____协议用来将 IP 地址转换成 MAC 地址。

7. 划分子网之后,IP 地址由_____、_____和_____三部分组成。

二、单选题

1. 互联网的核心协议是(   )。

A. X. 25　　　　B. TCP/IP　　　　C. ICMP　　　　D. UDP

2. TCP/IP 体系中,TCP 和 IP 提供的服务为(   )。

A. 数据链路层服务和网际层服务　　　　B. 网际层服务和运输层服务

C. 运输层服务和应用层服务　　　　D. 运输层服务和网际层服务

3. 下列选项中,属于合法 IP 地址的是(   )。

A. 210. 38. 10. 256　　　　B. 10. 10. . 8

C. 192. 168. 1. A　　　　D. 192. 168. 1. 10

4. 按 IP 地址分类,地址 210. 10. 10. 5 属于(   )类地址。

A. A 类　　　　B. B 类　　　　C. C 类　　　　D. D 类

5. 下列关于 C 类地址说法正确的是(   )。

A. 每个地址的长度为 48 位　　　　B. 编址第 1 位为 0

C. 可容纳 254 台主机　　　　D. 共有 126 个网络

6. ARP 的主要功能是(   )。

A. 将 MAC 地址解析为 IP 地址　　　　B. 将 IP 地址解析为物理地址

C. 将主机域名解析为 IP 地址　　　　D. 将 IP 地址解析为主机域名

7. 如果一个 C 类网络的子网掩码是 255. 255. 255. 224,那么会产生(   )个可用的子网。

A. 8　　　　B. 16　　　　C. 2　　　　D. 4

8. 若要将 C 类网络"192. 93. 54. 0"分为 4 个子网,每个子网至少容纳 50 台主机,则其子网掩码为(   )。

A. 255. 255. 255. 64　　　　B. 255. 255. 255. 128

C. 255. 255. 255. 192　　　　D. 255. 255. 255. 0

9. TCP 和 UDP 的共同之处是(   )。

A. 面向连接的协议　　　　B. 面向非连接的协议

C. 传输层协议　　　　D. 以上都不对

10. 以下哪类 IP 地址被用于多播通信中?(   )

A. A 类　　　　B. B 类　　　　C. C 类　　　　D. D 类

11. 127. 0. 0. 1 表示(   )。

A. 保留地址　　　　B. B 类地址　　　　C. C 类地址　　　　D. 回环地址

12. IPv4 地址由_____位二进制组成。

A. 48　　　　B. 16　　　　C. 32　　　　D. 128

三、简答题

1. 计算机网络为什么要分层？

2. 什么是网络协议，其由哪几部分组成？

3. 描述 TCP/IP 模型和 OSI 模型的对应关系，并简述 TCP/IP 模型各层的主要特点。

4. IP 地址为什么要分为网络号和主机号两部分？

5. 请分别计算 A、B、C 三类 IP 地址的网络号和主机号取值范围。

6. 子网掩码有什么作用？

7. IPv4 有哪些不足？举例说明 IPv6 的零压缩法。

8. 现有 172.211.16.51 和 172.31.211.101 两台主机，子网掩码均为 255.255.0.0，它们的网络号是否一致？如果有一个 C 类网络：192.168.50.0，要求将它再划分为两个子网，则子网掩码应取多少？每个子网的最大主机数是多少？

9. 对等层通信的实质是什么？

10. TCP/IP 模型的网际层都有哪些协议，各有什么作用？

第3章　互联网基本服务及应用

进入 21 世纪以来,互联网已经渗透到人们生活的方方面面,人们的学习、成长、衣食住行都离不开网络。人们对于网络的认识一般都是从网络应用开始的,更确切地说,是从网络应用程序客户端开始的。无论是早期的客户/服务器(Client/Server,C/S)模式,还是现在广泛应用的浏览器/服务器(Browser/Server,B/S)模式,人们总是同各种各样的客户端程序打交道。

3.1　TCP/IP 协议中的应用层

每一种网络应用都有自己的应用层协议,用来规定这种应用必须遵守的通信规则。常见的应用有 WWW、FTP、Telnet、DNS、E-mail 等,不管哪种应用,其软件都处于核心地位。网络软件通常运行于两个或两个以上的端系统中。

在现代操作系统中,负责完成端系统通信的并不是软件本身,而是"进程"。通常,我们把程序关于某数据集合上的一次运行活动称为"进程",简单地说,"进程"就是主机系统中运行的实例。例如,我们启动一个浏览器程序,但可以同时打开几个网页,每个被打开的网页就是一个浏览器程序运行的实例。

互联网通信是由不同主机上的进程通过交换网络报文来完成的,形成呼叫与响应的关系。按这种关系可以把网络工作模式分为对等模式和 C/S 模式。由于 C/S 模式可以进行系统的合理配置,更方便维护,所以初期计算机网络基本上都是采用 C/S 模式。20 世纪 90年代中期,客户端软件逐渐被浏览器代替,所以 C/S 模式演变成 B/S 模式,这样可以大大节省开发客户端软件的时间和精力。

3.1.1　C/S 模式

网络应用通常包括客户端和服务器两个对等实体,分别对应通信双方的客户进程和服务器进程。通常,通信请求由客户进程发起,服务器进程则响应请求并提供服务,如图 3-1所示。服务器处于守候状态,并监视客户端的请求。客户端发出请求,该请求经互联网传送给服务器,一旦服务器接收到这个请求,就可以执行该请求指定的任务,并将执行的结果回送给客户。

假设此时服务器上安装的是 Apache 软件,提供某单位的 Web 服务,客户端如果要查看某单位的网页,便通过其浏览器向服务器发出请求,此时我们称浏览器为客户端程序,而Apache 软件为服务器程序。

如果一台计算机专门运行服务器端程序,就称这台计算机为服务器,而运行客户程序的计算机就称为客户机,一般情况下,服务器要保证 24 小时不间断地工作,所以服务器需要较高的软硬件配置。

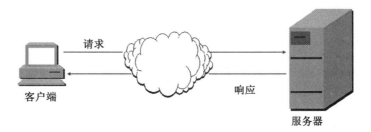

图 3-1 客户端和服务器的交互示意图

3.1.2 互联网进程及通信机制

互联网上不同主机的通信一般由两个进程进行跨网络通信,它们必须遵守 TCP/IP 协议,这两个进程由各自的套接字(socket)发送和接收报文。套接字的功能就是将应用程序和 TCP/IP 隔离开,屏蔽 TCP/IP 的细节。如图 3-2 所示,套接字由 IP 地址+端口号组成,解决了一个 IP 地址提供多种服务的问题。简单地说,我们装修房子时,会安装很多插座,使用各种家电非常方便,即插即用。套接字就是互联网上的"插座",为各种各样的应用,提供即插即用的"接口"。

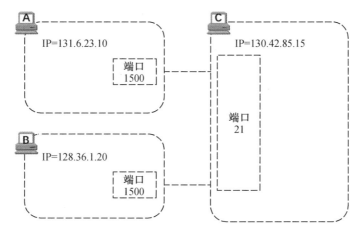

图 3-2 套接字通信示意图

端口号用 16 位进行标识,只具有本地意义,即端口号只是为了标识本计算机应用层中的各进程。在互联网中不同计算机的相同端口号是没有联系的。端口号分为两种类型:一类是熟知的端口,其值为 0~1023;另一类是一般端口,用来随时分配给请求通信的客户进程,其值为 1024~65535。

图 3-2 为主机 A、B 与主机 C 的套接字通信示意图。仔细观察不难发现,A 和 B 运行的都是客户端进程,而 C 运行的是服务器进程(FTP 服务)。实际应用中,我们可以用网络命令 netstat-an 观察到这一过程,如图 3-3 所示,客户机 210.38.216.173 的 49172 端口连接到

FTP 服务器 210.38.216.175 的 21 端口。

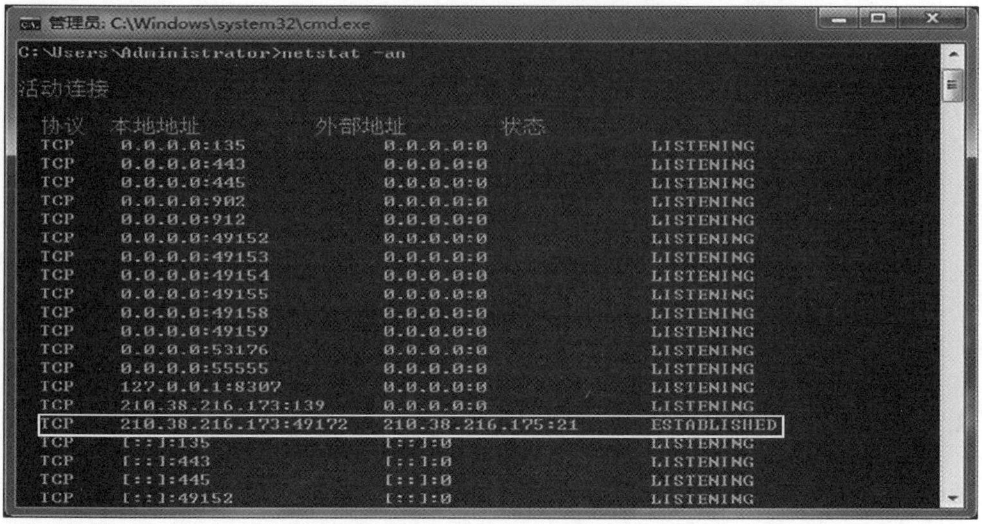

图 3-3　网络命令 netstat-an

常见互联网应用和对应的端口如表 3-1 所示。

表 3-1　常见互联网应用和对应的端口

互联网应用	协议	端口号
域名分布系统(DNS)	DNS	53
万维网(WWW)	HTTP	80
文件传输服务(FTP)	FTP	21
电子邮件系统(E-mail)	SMTP	25
远程登录(Telnet)	Telnet	23

3.2　域名服务系统

随着 TCP/IP 协议成为事实上的通信协议标准,IP 地址成为互联网的唯一编址,但由于 IP 地址是一串难于记忆的数字,所以人们希望用容易记的名字来代替 IP 地址,因此,开发了域名系统(Domain Name System,DNS)来实现域名管理和 IP 地址之间的转换。这种转换包括了 IP 地址到域名和域名到 IP 地址的双向转换。诸如"www.baidu.com"就是一个域名,但却极少有人记得百度的 IP 地址。简单地讲,域名就是为了方便人们的记忆而给 IP 地址起的别名。

3.2.1　域名空间

DNS 是一种层次式的分布式数据库,这种层次化的主机名称为域名。域名空间就像一棵倒置的树,如图 3-4 所示。

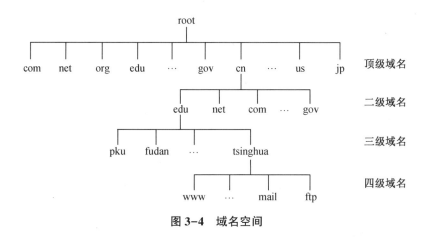

图 3-4 域名空间

域名的结构由若干分量构成,各分量之间用点隔开,其格式为

……四级域名. 三级域名. 二级域名. 顶级域名

互联网起源于美国,DNS 最开始也是由美国开发的,国际域名管理的最高机构是 ICANN(Internet Corporation for Assigned Names and Numbers)。由于英文域名不符合汉语的使用习惯,2000 年 1 月,CNNIC(ICANN 下级机构)中文域名系统开始运行。CNNIC 中文域名有以下两种常见形式:

①"中文. cn"形式的域名;

②"中文. 中国"形式的域名。

3.2.2 域名解析

DNS 提供的服务就是域名与 IP 地址之间的映射,也称为域名解析。这个转换工作是由互联网上的专门服务器来完成的,这些服务器称为 DNS 服务器。

1. 域名服务器

域名服务器是一个基于 C/S 的数据库,在这个数据库中,每个主机的域名和 IP 地址是一一对应的。域名服务器的主要任务是回答域名到 IP 地址或 IP 地址到域名的询问,这个过程称为域名解析的正向搜索和反向搜索。Windows 命令工具 nslookup 可以看到这一过程。

为了对查询快速响应,DNS 服务器对以下两种域名信息进行管理。

①区域所支持的或被授权的本地数据。本地数据中可包含指向其他域名服务器的指针,而这些域名服务器可能提供所需要的其他域名信息。

②包含其他服务器的解决方案或回答所采集的信息。

2. 域名的解析过程

DNS 服务器的工作流程称为域名解析过程,实际上是一个查询过程,这个过程就是域名与 IP 地址的转换,通常可分为以下两种情况。

一种情况是当目标主机存在本地网络时,由于本地域名服务器记录有主机域名与 IP 地址的对应表,所以这种情况的解析过程相对简单。客户机首先向本地 DSN 服务器发出请求,将某个目标主机的域名解析成 IP 地址,DNS 服务器在数据库中查出目标主机域名对应的 IP 地址,并将 IP 地址返回给客户机。

另一种情况是要访问的主机不在本地网络,这种情况的解析过程就比较复杂了。

例如,某个客户机发出一个请求,要求 DNS 服务器解析 www. hstc. edu. cn,具体的过程如下:

①客户机向本机指定的本地 DNS 服务器发出查询,询问 www. hstc. edu. cn 对应的 IP 地址;

②本地 DNS 服务器收到查询请求后,若未能在数据库中找到对应的条目,就从根域名服务器开始自上而下逐层查找,直至找到;

③hstc. edu. cn 域名服务器给本地 DNS 服务器返回 www. hstc. edu. cn 对应的 IP 地址;

④本地 DNS 服务器向客户机发送一个回复,其中包含有 www. hstc. edu. cn 对应的 IP 地址。

3.3 万 维 网

万维网(World Wide Web,WWW 或 Web)是互联网最流行的应用之一,它的出现极大地推动了互联网的发展,是信息存储技术的重大变革。万维网的网页包含了文本、图片、动画、语音等元素,是继电话、电视之后人们获取信息的重要工具。

万维网简称 Web,绝大部分是用 HTML 编写并驻留在网站上。网站是指放在 Web 服务器上的一系列网页文档。万维网最大的特点是超链接,通过超链接把各种形式的信息(跨地域、跨空间、跨媒体)组织起来,构建密布全球的信息资源。用户可以使用浏览器查看各种各样的网页,只要在浏览器上发送查询需求,就可以轻松地从一个页面跳到另一个页面,从一个 Web 服务器跳到另一个 Web 服务器,自由自在地在互联网上遨游。

3.3.1 万维网的工作机制

Web 通常以 B/S 模式工作。B/S 模式是 C/S 模式的改进,由于浏览器是通用的,虽然用户的规模很大,但所有的操作都针对服务器,因此可以极大地节省人力、时间及费用。用户浏览一个网页,就是通过浏览器发送一个请求给 Web 服务器,服务器将相应的文件发送给用户计算机,用户计算机将这些文件在浏览器上显示出来。Web 的工作原理如图 3-5 所示。万维网的使用非常简单,但必须解决三个基本问题。

1. 统一资源定位器 URL

互联网上的网页成千上万,如何才能找到用户需要的信息资源呢? 这就必须为互联网上的网页设计一个标识,方便用户查找。统一资源定位器也称统一资源定位符(Uniform Resource Locator,URL),就是专门为标识互联网上资源位置而设计的编址方式。URL 的格式如图 3-6 所示,通常由协议、主机、端口三部分组成,而常用端口由于约定俗成的原因而默认为省略。

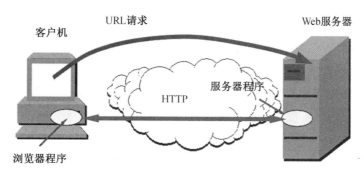

图 3-5　Web 的工作原理

图 3-6　URL 的格式

2. HTML

互联网上的计算机成千上万,且操作系统各异,怎样才能使万维网文档在计算机上显示出来呢? HTML(超文本标记语言)很好地解决了这个问题。HTML,是一种用来描述网页文档结构的语言规范。HTML 使用标签来构建页面,它能使地理上分散存储的电子文档信息互相链接。超链接(Hyperlink)使用户能方便地从一个网页跳转到另一个网页,它可以指向其他网页、文件、图像、多媒体文件,实现跨地域、跨媒体、跨空间的信息存储。

HTML 诞生于 1991 年,第一个官方版本是由 IETF(因特网工程任务组)推出的 HTML 2.0 版本。当 W3C(万维网联盟)取代 IETF 后,HTML 的功能愈加完善,于 1999 年推出 HTML 4.01 版本。在此之后又推出了 XHTML 1.0 和 XHTML 2.0 版本,但由于移动技术的迅速发展,W3C 于 2009 年终止 XHTML 2.0 版本的开发进程,转向新的规范 HTML 5,Web 开发进入了新纪元。

3. HTTP

在万维网客户程序与万维网服务器程序之间进行交互所使用的协议是 HTTP (HyperText Transfer Protocol)。HTTP 通常由浏览器(IE、Chrome、Firefox 等)和 Web 服务器 (Apache、IIS 等)来协作完成,它们通过交换 HTTP 报文来完成网页请求和响应。HTTP 定义了通信交换机制、请求及响应消息的格式等。

当用户在浏览器中输入 URL 时,浏览器就向服务器发出 HTTP 请求,Web 服务器收到请求后,检索相关的文档并以 HTTP 规定的格式送回万维网文档,再由浏览器负责解释并显示这些信息。HTTP 被设计成一个非常简单的协议,使服务器能高效地处理大量来自客户

端的请求。

3.3.2 浏览器

B/S架构的浏览器本身就扮演客户端的角色,所有操作系统都内置标准浏览器,它们大同小异,对不同系统的兼容性非常强,如果系统需要升级,只需要对服务器端进行升级即可,客户端不需做任何改变。图3-7为浏览器的结构,可以发现浏览器由一组客户、一组解释程序和控制程序组成。控制程序负责解释键盘输入和鼠标命令,缓存在浏览器中用于存放页面的副本。

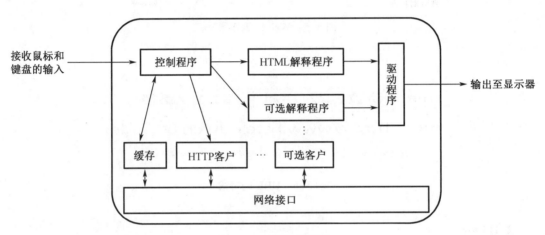

图 3-7   浏览器的结构

浏览器是人们接触互联网的主要工具,是对计算机性能和用户工作效率影响极大的一款应用软件。

1. IE 和 Edge 浏览器

在计算机桌面操作系统的市场占有率上,微软公司占有绝对的主导地位,与 Windows操作系统捆绑销售的 IE 浏览器曾经独步天下。在 2013 年 IE 11 发布后,微软公司同时也开发了浏览器 Edge,并将其预装于 Windows 10 中。自此 IE 浏览器就开始慢慢被取代,使用IE 的人也慢慢变少。基于 Chromium 内核的全新 Edge 浏览器不仅可以在 Windows 10 系统中运行,还可以在 Windows 7 等其他版本的系统中运行。

2. Firefox

Firefox(火狐)是一款开放源码的浏览器,它使用独立的内核,具有较高的安全性能。近年来 Firefox 版本更新非常迅速,在速度性能、安全性、兼容性方面均表现优异。Firefox 凭借着强劲的性能、丰富的插件扩展、稳定安全的特性、跨平台支持电脑和手机,始终牢牢抓住一部分用户。它采用了实力强悍的新型引擎,可以充分利用 CPU 的多核实现多进程运行来缩短网页的加载时间。

3. Chrome

在众多的浏览器中,Chrome 浏览器是最受欢迎的浏览工具之一,它有强大的功能和极简的界面,可以让用户体验到舒适的浏览感受。Chrome 最大的亮点是其多进程架构,可以保护浏览器不会因恶意网页和应用软件而崩溃。另外,Chrome 后台同步功能可以保证多平台、多端在某一程度体验上的一致,该功能设计之初就是为了减少用户重复性的操作及设置。

目前大多数主流浏览器都支持 HTML 5,只是支持的程度不同,访问 http://html5test.com 就可以测试浏览器对 HTML 5 的支持程度,如图 3-8 所示,使用 Chrome 96.0.4664.110 版本进行测试得分为 528 分(最高分 555)。

图 3-8　Chrome 测试得分

3.4　文件传输协议

1. FTP 模型概述

由于不同计算机厂商研制的文件系统存在差异,这给文件的传输带来许多困难。文件传输协议(File Transfer Protocol,FTP)用来将一台主机的文件复制到另一台主机。其过程包括"下载"和"上传"两个概念。"下载"就是从远程主机复制文件至自己的计算机上。"上传"就是将文件从自己的计算机中复制至远程主机上。

FTP 采用 C/S 模式。图 3-9 为 FTP 模型,从图中可以看出,一个 FTP 模型由以下几部分组成:

(1)两种连接,即控制连接和数据连接;

(2)3 个客户组件,即用户界面、控制进程和数据传送进程;

(3)2 个服务器组件,即控制进程和数据传送进程。

2. FTP 工作过程

FTP 的服务器进程由两部分组成:一个主进程,负责接受新的请求;另外有若干个从属进程,负责处理单个请求。主进程工作时,打开默认端口(端口号为21),使客户进程能够连接上,然后主进程与从进程并行工作,主进程等待并接收客户进程发出的连接请求,从进程处理收到的请求,当从进程处理完客户进程请求后即终止。如前所述,FTP有两种连接,一种是控制信息(命令和响应)的传送,使用默认端口21;另一种是数据传送,使用端口20,将数据传输与控制信息分开,传输效率更高。

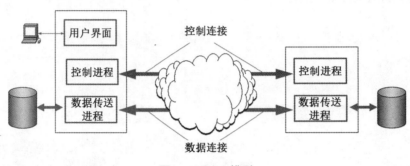

图 3-9 FTP 模型

3. FTP 客户端

FTP的客户端分为专用客户端和通用客户端,又分为字符和图形两种界面。专用的FTP客户端往往是图形界面的,如CuteFTP和LeapFtp,一般支持"断点续传",这对传输大型文件极其有用。

最为简单的专用客户端是操作系统自带的FTP客户端程序,如微软的ftp. exe,在本地进行大型文件传输有很高的效率。

最常见的FTP通用工具是各种浏览器,如IE、Chrome,浏览器除了支持普通的匿名登录外,也支持实名登录。

3.5　电子邮件系统

电子邮件(E-mail)是一种简单、高效的现代化通信手段,是目前最常见、应用最广泛的一种互联网服务。电子邮件系统把邮件发送至收件人的邮件服务器,保存到收件人的邮箱中,收件人可随时从自己使用的邮件服务器中进行读取。目前,利用电子邮件来实现信息的交换已成为大多数人的首选。电子邮件的主要特点如下:

①操作简单,即学即会;

②方便快捷,用户可以在任何时间、任何地点收发,不受时空的限制;

③信息多样化,电子邮件内容不仅是文字,还可以是软件、数据、多媒体信息,内容表达形式多样;

④成本低廉,相比传统电话或传真等方式,电子邮件的费用极低;

⑤一信多发,信件可以发给指定的一个或多个成员。

3.5.1 电子邮件系统的基本原理

在互联网上有很多免费的服务器供用户使用,如 126 邮箱(www. 126. com)、谷歌邮箱(www. gmail. com)等,用户可以免费注册使用;有些则需要付费,如新浪 VIP 邮箱(vip. sina. com. cn)。E-mail 地址的格式为

信箱名@ 主机域名

信箱名指用户在某个邮件服务器上注册的用户标识,@ 为分隔符,一般读为 at,主机域名是指信箱所在邮件服务的域名。例如 hzj88@ hstc. edu. cn,表示在韩山师范学院邮件服务器上用户名为 hzj88 的用户信箱。

电子邮件系统的工作原理如图 3-10 所示。邮件服务器需要两种不同的协议,一种协议用于用户向邮件服务器发送邮件,或一个邮件服务器向另一个邮件服务器发送邮件,这种协议称为简单邮件传送协议(Simple Mail Transfer Protocol,SMTP);另一个协议则用于用户从邮件服务器读取邮件,这个协议称为邮局协议(Post Office Protocol,POP3)。

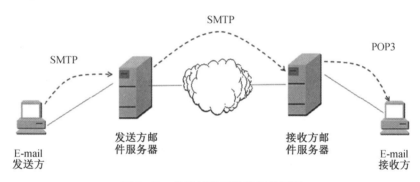

图 3-10 电子邮件系统的工作原理

3.5.2 邮件发送的步骤

假定用户 stu 已注册申请了一个邮箱 stu@ 126. com,他想使用这个邮箱向 Teach 发送一封电子邮件,Teach 作为收信人,其电子邮件地址为 Teach@ 263. net,工作过程如图 3-11 所示。

用户首先在自己的机器上使用用户代理(User Agent,UA)编辑自己的邮件。UA 是用户与电子邮件系统的接口,一般具有撰写、显示、处理等基本功能,如 Outlook、Foxmail 或基于 Web 界面的用户代理程序等。用户 stu 在 UA 上撰写自己的邮件,然后填写收件人 Teach 的地址、主题,选择附件,点击发送,UA 在 stu 所使用的主机和 smtp. 126. com 邮件服务器上建立一个 SMTP 连接,将邮件发送至发送方服务器 smtp. 126. com 上。

发送方服务器 smtp. 126. com 在获得 stu 的邮件后,根据邮件接者的 E-mail 地址"Teach@ 263. net",与 Teach 的接收邮件服务器连立一个 SMTP 连接,将邮件发送至 Teach 的邮件服务器,并将其放到 Teach 用户的邮箱中。

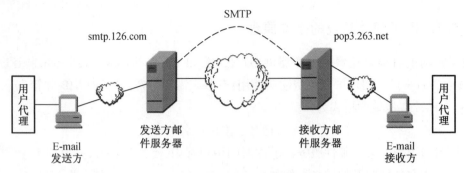

图 3-11 电子邮件的发送和接收

当用户 Teach 需要查看自己邮件时,Teach 首先要在自己使用的计算机和邮件接收服务器 pop3. 263. net 之间建立一条 POP3 连接,该连接也是通过 UA 创建的,然后 Teach 就可以从自己的邮箱中"取出"自己的邮件,进行阅读、转发、回复等操作。电子邮件的"发送—传递—接收"整个过程是异步的,接收者随时随地可以接收。

3.6 远 程 登 录

使一个远程用户如同本地用户一样,通过账号访问远程主机,就是远程登录。为了达成这一目的,人们开发了远程终端协议,其工作原理如图 3-12 所示。

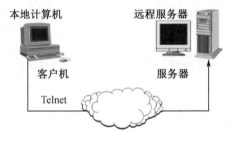

图 3-12 远程登录

远程登录就是让你的计算机扮演终端的角色,通过网络登录到远程的主机上,远程登录的根本目的在于访问远程系统的资源。由于任何一个多用户系统都有用户账号的概念,用户账号规定了用户对系统资源(如程序和文件)的使用权限,所以在进行远程登录之前,必须在远程主机上建立一个可以使用的账号。常见的协议有 Telnet、SSH,它们主要以字符界面的指令为主。随着视窗操作系统的普及,图形界面的远程登录也开始得到发展和应用。

1. Telnet

Telnet 是 TCP/IP 协议栈最古老的远程登录协议,它最大的优点是具有能包容异种计算机和异种操作系统的能力。为了适应众多计算机和操作系统的差异,Telnet 定义了数据和命令如何通过互联网,这些定义就是所谓的网络虚拟终端(NVT)。客户端软件将用户的命令和操作转换成 NVT 格式,并传送给服务器,服务器软件则把 NVT 格式的数据转换成远程系统所需的格式。服务器向客户返回数据时,由服务器端软件将远程系统的格式转换成 NVT 格式,用户收到后,再将 NVT 格式转换为本地系统所支持的格式。Telnet 使用 C/S 模式运行,常用服务端口是 23。

用户在使用 Telnet 命令进行远程登录时,必须给出远程计算机的 IP 地址,然后根据对方系统的询问,输入用户名和密码。

2. SSH

远程登录是一项非常重要的应用,但 Telnet 本质是不安全的,因为它们在网络上用明文传送口令和数据,别有用心的人非常容易就可以截获这些口令和数据。这些服务程序的安全验证方式也是有其弱点的,很容易受到"中间人"的攻击。所谓"中间人"的攻击,就是"中间人"冒充真正的服务器接收你传给服务器的数据,然后再冒充你把数据传给真正的服务器。服务器和你之间的数据传送被"中间人"一转手做了手脚之后,就会出现很严重的问题。

SSH 为 Secure Shell 的缩写,是专为远程登录会话和其他网络服务提供安全性的协议,常用端口是 22。利用 SSH 协议可以有效防止远程管理过程中的信息泄露问题。SSH 最初是 UNIX 系统上的一个程序,后来被迅速扩展到其他操作平台。通过使用 SSH,可以对传输的数据进行加密,这样"中间人"这种攻击方式就不可能实现了,而且也能够防止 DNS 欺骗和 IP 欺骗。使用 SSH 还有一个额外的好处,就是传输的数据是经过压缩的,所以可以加快传输的速度。

3. 远程桌面

传统的远程登录协议一般只支持字符界面,没有办法远程操作视窗类的操作系统。远程桌面连接组件是由微软公司从 Windows 2000 Server 开始提供的,该组件一经推出受到了很多用户的拥护和喜爱。Windows XP、Windows 7、Windows 2010 的计算机用户都可使用远程桌面的客户端连接到不同地点运行的远程主机。远程桌面连接是从 Telnet 发展而来的,通俗地讲就是图形化的 Telnet,如图 3-13 所示。

使用远程桌面可以实时连接到运行 Windows 的远程计算机上,可以在上面安装软件,运行程序,所有的一切都好像是直接在该计算机上操作一样,这就是远程桌面的最大功能。通过该功能网络管理员可以在家中安全地控制单位的服务器,而且由于该功能是系统内置的,所以比其他第三方远程控制工具使用更方便、更灵活。需要特别注意的是,使用远程桌面登录的账户必须设置密码,未设置用户密码的用户账号是无法使用远程桌面登录的。

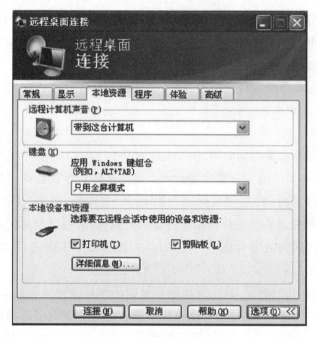

图 3-13　远程桌面连接

3.7　本　章　实　验

1. 实验目的

通过本实验了解 Serv-U 下的 FTP 服务器及客户端的配置过程,从而加深学生对互联网应用、C/S 模式的理解。

2. 实验所需要的设备

两台已连成局域网的计算机,一台作为 FTP 服务器,另一台作为 FTP 的客户机。

3. 实验要求

使用 Serv-U 建立 FTP 服务器,要求至少建立两个账号,一个账号是匿名账号,另一个账号是自己姓名的拼音缩写,这两个账号要用不同的主目录。另外还要进行以下限制。

(1)计算机启动时,自动启动 Serv-U 服务器,界面如图 3-14 所示;

(2)连接、断开连接时显示信息;

(3)设置两个用户的最大上传速度为 1 MB/s,最大下载速度为 2 MB/s;

(4)设置同一个 IP 仅能有两个登录线程;

(5)设置最大用户数量为 3 个;

(6)使用不同客户端工具(浏览器、ftp. exe、CuteFTP)分别用两个账号登录 FTP 服务器,并分别能进行上传、下载文件,创建目录,删除文件和目录。

4. 实验步骤

(1)新建文件夹 pub 并在里面创建两个文本文档 down1. txt 和 down2. txt,作为 FTP 服务器默认用户 anonymous 共享的内容。

图 3-14　Serv-U 管理控制台

(2)安装服务器端软件并点击"新建域"创建 anonymous 用户,在没有网络的情况下,使用 127.0.0.1 作为 FTP 服务器的 IP 地址,如图 3-15 所示。

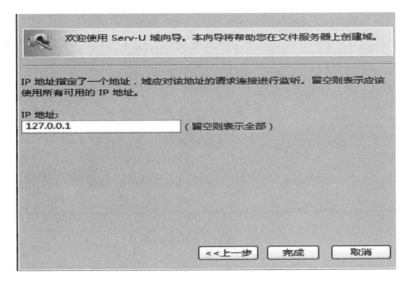

图 3-15　配置 FTP 服务器的 IP 地址

域创建成功后,在图 3-16 域用户管理界面,点击下方的"向导"按钮创建 anonymous 用户,如图 3-17 所示。

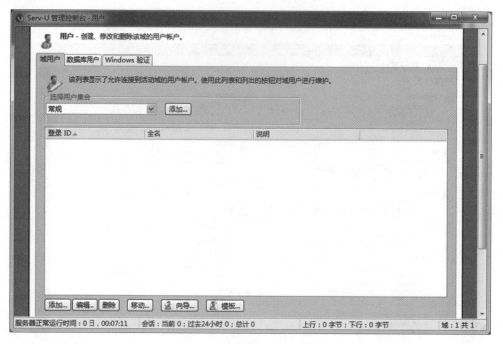

图 3-16　域用户管理界面

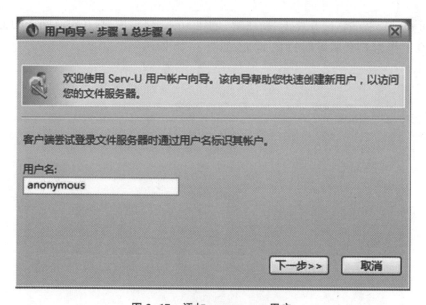

图 3-17　添加 anonymous 用户

（3）如果服务器 anonymous 用户配置成功，使用 IE 浏览器下载，则会出现如图 3-18 所示界面。

（4）使用 ftp. exe 客户端工具，下载界面如图 3-19 所示。

5. 验证方式

（1）给出匿名用户的"目录"选项卡的屏幕截图。

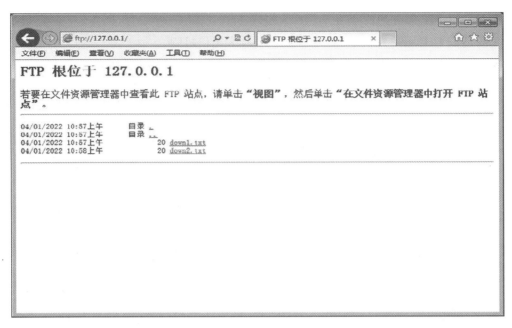

图 3-18 使用 IE 浏览器下载

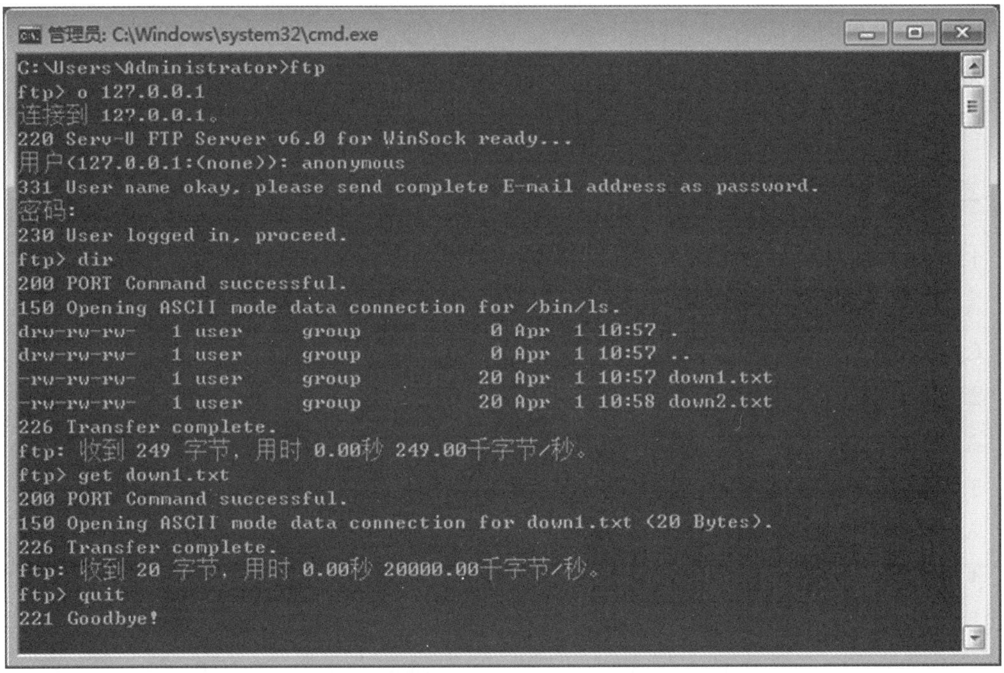

图 3-19 使用 ftp.exe 下载

(2)给出 CuteFTP 软件利用非匿名用户登录成功的屏幕截图。

6. 实验总结

(1)FTP 客户端软件各有什么特点,分别适用于什么场合?

（2）请以 FTP 服务为例介绍一下 C/S 模式。

（3）请以 FTP 服务为例介绍一下互联网进程和通信机制。

（4）使用 ftp.exe 工具时，屏幕出现的数字分别代表什么意思？

（5）使用 ftp.exe 工具上传文件时，文件应放在客户端电脑的哪个目录？

3.8 本 章 习 题

一、填空题

1. URL 又称为_____，其格式为_____。

2. FTP 服务最大的特点是提供匿名服务。登录匿名 FTP 服务器时使用的用户名是_____。

3. 套接字由 IP 地址+_____组成，解决了_____提供多种服务的问题。

4. 网络应用包括客户端和服务器两个对等实体，分别对应通信双方的_____和_____。

5. 文件传输服务是一种常见的互联网应用，使用的是_____模式。

6. FTP 服务的默认 TCP 端口是_____。

7. DNS 服务的默认 TCP 端口是_____。

8. Telnet 服务的默认 TCP 端口是_____。

9. 域名地址和_____是一一对应的。

二、单选题

1. E-mail 地址的格式为（   ）。

A. 用户名@邮件主机域名　　　B. @用户邮件主机域名

C. 用户名邮件主机域名　　　　D. 用户名@域名邮件

2. 将文件从客户机传输到 FTP 服务器的过程称为（   ）。

A. 邮寄　　　　　B. 上传　　　　　C. 下载　　　　　D. 浏览

3. 浏览器和 Web 服务器之间传输网页使用的协议是（   ）。

A. IP　　　　　B. HTTP　　　　　C. FTP　　　　　D. Telnet

4. 网络将用户请求传送到服务器，服务器执行用户请求，并将结果送回用户，这种工作模式称为（   ）。

A. CSMA/CD　　　B. C/S　　　　C. Peer-to-Peer　　D. TCP/IP

5. 关于电子邮件系统，下列说法正确的是（   ）。

A. 发送邮件和接收邮件都使用 SMTP 协议

B. 发送邮件使用 SMTP 协议，接收邮件使用 POP3 协议

C. 发送邮件使用 POP3 协议，接收邮件使用 SMTP 协议

D. 发送邮件和接收邮件都使用 POP3 协议

6. 互联网上的每个网页都有一个网址,这些地址称为( )。

A. IP 地址　　　　B. 域名地址　　　　C. 统一资源定位符　　　D. WWW 地址

7. 下列域名书写方式正确的是( )。

A. www-hstc-edu-cn　　　　　　　B. www.hstc.edu.cn

C. wwwghstcgedugcn　　　　　　　D. 都不对

8. 下列 URL 表示错误的是( )。

A. http://www.hstc.edu.cn

B. ftp://ftp1.hstc.edu.cn

C. http://www.hstc.edu.cn:8080

D. ftp:\\ftp1.hstc.edu.cn:1021

三、简答题

1. 简述计算机网络常见的应用和对应的端口。

2. 要实现万维网必须解决什么问题?请用一个实例解释什么是 URL。

3. 简述 B/S 模式与 C/S 模式的异同。

4. 简要说明域名系统 DNS 的功能,试举一例说明域名的解析过程。

5. 电子邮件系统由哪几部分组成?

6. 简述 FTP 的工作原理。

第4章　局域网组网技术

局域网是根据地理范围划分的网络,它在有限的地理范围(小于 10 km)内将各种计算机设备连接在一起,实现数据传输和资源共享。

4.1　局域网概述

局域网的发展始于 20 世纪 70 年代。1975 年,美国 Xerox 公司推出的以太网是局域网的典型代表。随着网络技术的发展和微型计算机的普及,局域网的标准和协议逐渐被完善。

局域网传输范围一般在几千米范围内,主要用于企业或学校内部联网,地理范围相对较小。局域网主要具备以下几个特点:

(1)数据传输速率高,误码率低。局域网内的传输速率为 10~100 Mb,传输时延在几十毫秒之间,一般的误码仅有 $10^{-12} \sim 10^{-8}$;

(2)局域网支持双绞线、同轴电缆和光纤等多种通信介质;

(3)易于管理和维护。局域网一般归属一个单位所有,软硬件一般由专业人员统一搭建和管理,网络设计、安装符合局域网的标准;

(4)局域网协议简单,结构灵活,建网成本低,工作站的数量一般为几十台到几百台,管理和扩充极其方便。

4.2　局域网体系结构

局域网的体系结构和 OSI 模型有很大的不同。1980 年 2 月,美国电气与电子工程师协会(IEEE)成立了局域网标准委员会,研究并制定了局域网的 IEEE 802 标准,目前 IEEE 802 已包含了 40 多项标准,影响最大、应用最广的是如下 3 个子协议:

(1)IEEE 802.3——以太网介质访问控制协议(CSMA/CD)和物理层规范;

(2)IEEE 802.1q——面向虚拟局域网;

(3)IEEE 802.11——无线局域网访问控制及物理层规范。

OSI 模型和 IEEE 802 对比图如图 4-1 所示。由于局域网只涉及通信和共享信道,所以并没有设立网络层及网络以上的各层。局域网只设立了物理层和数据链路层,当局域网需要互联时,可以借助其他已有的网络层协议(如 IP)。

由图 4-1 可以看出,局域网的物理层和 OSI 模型的物理层功能相当,主要涉及比特流的传送,定义局域网物理层的机械、电气、规程和功能特性。

IEEE 802 把数据链路层分为逻辑链路控制(LLC)和介质访问控制(MAC)两个功能子

层。LLC 子层的功能和介质无关,该子层的功能用来建立、维持和释放数据链路,提供一个或多个逻辑服务接口。LLC 子层独立于介质访问控制方法,屏蔽了各种局域网技术之间的差异。

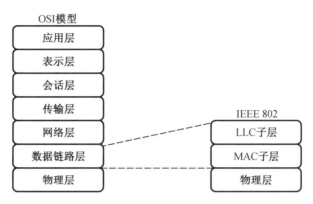

图 4-1　OSI 模型和 IEEE 802 对比图

MAC 子层的功能和介质相关,它由许多模块组成,不同技术的局域网是不同的,对以太网、令牌总线、令牌环的要求也是各异的。MAC 子层负责对信道进行分配,解决信道争用的问题。

IEEE 802 把数据链路层分为两个子层,将硬件相关和硬件无关的两部分加以分离,因此在 LLC 不变的情况下,只需要更换 MAC 子层便可以适应不同的介质和访问控制方法。

4.3　以太网技术

4.3.1　以太网的发展

自 20 世纪 70 年代局域网诞生以来,局域网技术获得了飞速发展,比较常见的有以太网(Ethernet,当时人们认为传播电磁波的介质是 Ether)、令牌总线、令牌环、FDDI 等,目前以太网已成为局域网的代名词。以太网于 1975 年由 Xerox 公司推出,一开始使用的是粗同轴电缆(10Base-5),后来改用细同轴电缆(10Base-2),形成一种总线式的结构,如图 4-2 所示。

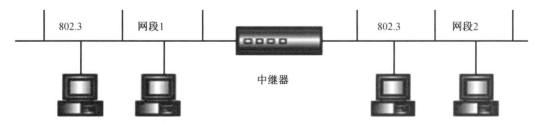

图 4-2　10Base-5 以太网

同轴电缆在安装、扩充和维护等方面比较麻烦,不能适应局域网发展的需要。得益于集成电路技术的发展,采用集线器(Hub)连接、非屏蔽双绞线传输的星形连接结构(10Base-T)于 1983 年被推广应用,集线器的横空出世在局域网的发展史上有里程碑式的意义。这种星形连接结构如图 4-3 所示,实质逻辑上还是总线结构,可以简单地认为集线器就是一个将总线折叠到铁盒子中的集中连接设备。

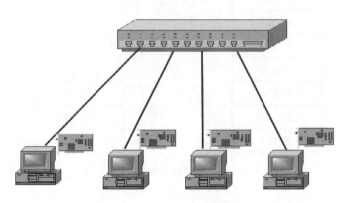

图 4-3　10Base-T 以太网结构图

10Base-T 以太网的基本性能如下:

①集线器(Hub),即多端口中继器,将接收的数据传送至各端口,端口速率为 10 Mb/s;

②双绞线的两端用 RJ-45(水晶头)连接,用于连通 Hub 和计算机;

③集线器与网卡、集线器之间的最长距离为 100 m;

④最长两点之间的距离不超过 500 m;

⑤不使用网桥时,最多接入站点数为 1 023。

由于以太网注重向下兼容和保护投资者的利益,且易于开发、实现、部署,因此很快占有了局域网的大部分市场。以太网的发展很快,且在很长的时间内都保持了这种基本的结构。表 4-1 介绍了以太网的发展情况。

表 4-1　以太网系列

类型	IEEE 802 标准	带宽	通信方式	以太网名称	传输介质
标准以太网	802.3	10 Mb/s	半双工	10Base-T	UTP
快速以太网	802.3u	100 Mb/s	全双工	100Base-TX	UTP5 类线
			全双工	100Base-FX	光纤
			半双工	100Base-T4	UTP3/4/5 类线
千兆以太网	802.3z	1 Gb/s	全/半双工	1000Base-X	光纤
	802.3ab			1000Base-T	UTP5 类线
万兆以太网	802.3ae	10 Gb/s	全双工	802.3ae	光纤

10 Mb/s、100 Mb/s、1 Gb/s 到 10 Gb/s 以太网的帧格式完全相同,但万兆以太网只在全双工方式下工作。半双工采用集线器连接,形成共享介质和共享带宽模式,全双工采用交换机连接,形成分配带宽模式。10Base-T 中的"10"指的是传输速率为 10 Mb/s,"Base"指的是信道上传输的是基带信号,"T"指的是双绞线。双绞线由一对相互绝缘的金属导线绞合而成。这种方式不仅可以抵御一部分来自外界的电磁波干扰,也可以降低多对绞线之间的相互干扰。双绞线一个扭绞周期的长度,叫作节距,节距越小(扭线越密),抗干扰能力越强。根据有无屏蔽层,双绞线分为屏蔽双绞线(Shielded Twisted Pair,STP)与非屏蔽双绞线(Unshielded Twisted Pair,UTP)。目前,比较常见的双绞线有五类线、超五类线及六类线,类型数字越大、版本越新,技术越先进、带宽越宽,价格也越贵。

4.3.2 共享以太网的介质访问控制方法

1. 相关概念

介质访问控制方法,其实就是解决如何在共享信道上分配信道资源的控制机制。如图 4-1 所示,早期的以太网都是总线网,就是把计算机都连接到一根总线上。总线网的通信方式是广播,当一台计算机发送数据时,总线上所有计算机都能检测到这个数据。在总线上,只要有一台计算机发送数据,总线就会被占用,也就是说,在总线上,同一时间只能允许一台计算机发送信息。为了协调线上各计算机的工作,以太网采用了一种特殊的技术,即载波监听多路访问/冲突检测(Carrier Sense Multiple Access with Collision Detection,CSMA/CD)。

在介绍 CSMA/CD 的工作原理之前,先来看以下几个相关的概念。

(1)冲突:当两个数据被发送到总线上且完全或部分重叠时,就发生了数据冲突,一旦发生冲突,数据就不再有效。

(2)冲突域:在同一个冲突域中,每个节点都能收到所有被发送的数据(广播)。

2. CSMA/CD 的工作原理

CSMA/CD 的工作原理可以通俗地概括为:先听后说,边听边说;冲突停止,随机延迟。其中"听",即监听的意思;"说"的意思就是发送数据。CSMA/CD 的工作原理如图 4-4 所示。

(1)站点在发送数据之前,先监听信道,如果信道空闲则发送信息;

(2)如果信道忙,则继续监听,直到信道空闲时立即发送;

(3)发送信息后进行冲突检测,如发生冲突,立即停止发送,并向总线发出一串阻塞信号(连续几个字节全 1),通知总线上各站点已发生冲突,使各站点重新开始监听与竞争;

(4)已发信息的站点收到阻塞信号后,等待一段随机时间,重新进入监听阶段。

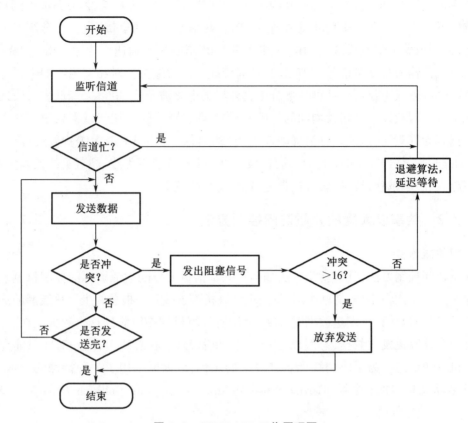

图 4-4　CSMA/CD 工作原理图

4.3.3　交换式以太网

早期的以太网是通过集线器来组网,采用 CSMA/CD 进行访问控制。集线器堆叠或级联后形成的网络仍属于同一个冲突域,冲突域中介质是共享的,这样的以太网称为共享式以太网。如图 4-3 所示的 10Base-T 以太网中,当有 10 个站点时,每个站点的平均带宽是 1 Mb/s。当站点较少时,共享式以太网有较好的性能,当站点数量较多时,其性能急剧下降。

若把集线器换成交换机,就是交换式以太网。交换式以太网的核心设备是交换机,交换机是根据 MAC 地址进行转发,不再存在共享式以太网对所有站点进行广播的问题。多端口无冲突地交换帧如图 4-5 所示。

交换机的背板有一条背部总线,交换机的所有端口都挂接在背部总线上。交换机通过内部的交换矩阵把网络划分为多个网段——每个端口为一个冲突域;交换机能够同时在多对端口间无冲突地交换帧,交换机的一个端口就是一个冲突域,24 口的交换机就有 24 个冲突域。一个 24 口的 100 Mb/s 交换机组成的交换以太网中,若每个端口都以 100 Mb/s 的速率工作,则交换机的最大数据流通量为 24 100 Mb/s。若交换机的端口个数为 n,每个端口的速率为 b,则交换机的总容量为 $nb/2 \sim nb$。交换式以太网如图 4-6 所示。

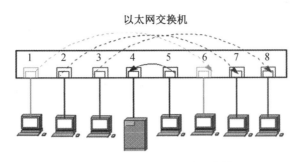

图 4-5 多端口无冲突地交换帧

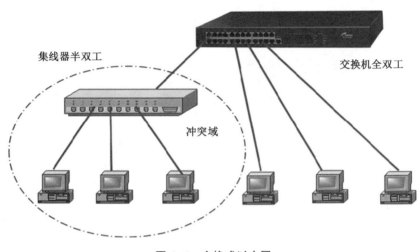

图 4-6 交换式以太网

4.4 局域网组网常见设备

4.4.1 网卡

网络适配器又称网络接口卡(Network Interface Card)或网卡,如图 4-7 所示。网卡是计算机网络中最常见的也是最重要的物理设备之一,计算机通过网卡就能够接入网络。网卡的主要功能是将计算机要发送的数据分解为适当大小的数据包,转换成串行的电信号,然后通过网线传输;或者把网线传过来的信号转换成并行的信号,提供给计算机。网卡的基本功能为串并行数据之间的转换、网络访问控制、数据缓存、数据包的组装与分解。物理层和数据链路层的大部分功能都由网卡完成。

网卡的种类很多,按照不同的标准,有不同的分类方法。

(1)按总线类型分类,网卡可分为 ISA 总线网卡和 PCI 总线网卡,主板集成网卡是现在市场的主流,另外,PCMCIA 网卡专用于笔记本电脑,USB 外置网卡既可用于个人计算机也可用于笔记本电脑。

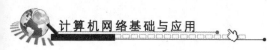

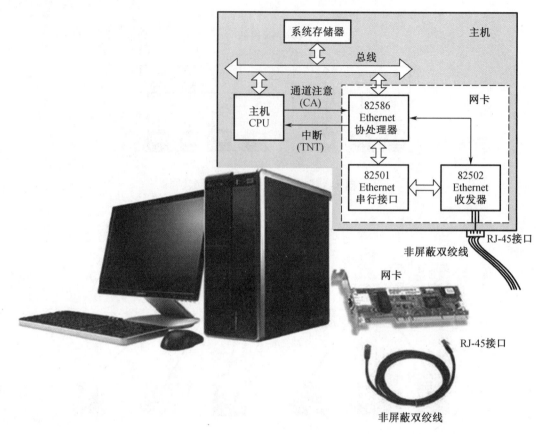

图 4-7 计算机中的网卡

（2）按传输速率分类，网卡可分为 10 Mb/s、100 Mb/s、10/100 Mb/s 自适应和 1 Gb/s 网卡。

（3）按接口类型分类。早期的以太网主要是 AUI 粗缆和 BNC 细缆接口，自从集线器和双绞线出现之后，同轴电缆淡出市场。目前，市场主流的网卡接口主要是 RJ45 和光纤两种。

几种常见的网卡如图 4-8 所示。

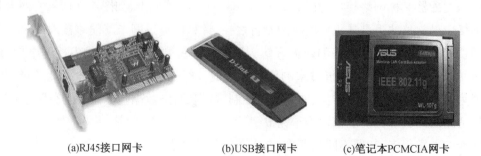

(a)RJ45接口网卡　　　　(b)USB接口网卡　　　　(c)笔记本PCMCIA网卡

图 4-8 几种常见的网卡

每块网卡都有一个唯一的物理地址,它是网卡生产商在生产时写入 ROM(只读存储芯)中的,也叫作 MAC 地址。MAC 地址是一个 48 位的二进制数,是全球唯一的编码,作为二层寻址的依据。如图 4-9 所示,MAC 地址通常由 6 个字节构成(十六进制),前三个字节为厂商代码编号,后三个字节为厂商生产产品的序列编号。

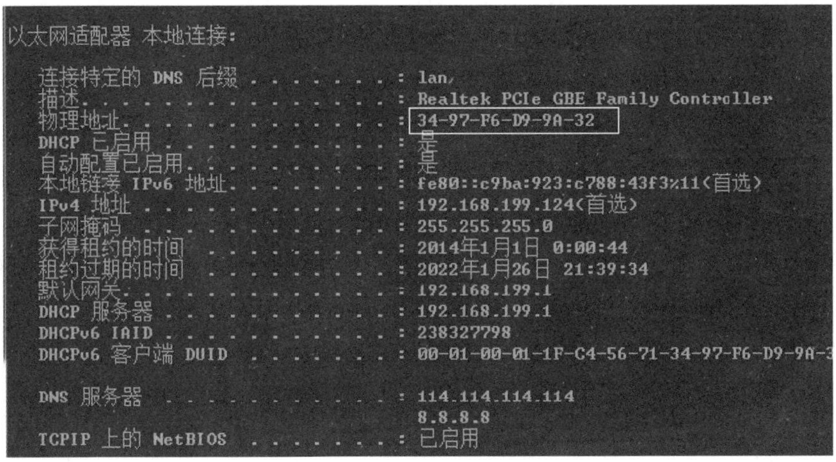

图 4-9　网卡的 MAC 地址

既然每个网卡在出厂时都有一个唯一的 MAC 地址,那为什么还需要为每台主机分配一个 IP 地址呢? 主要原因有以下几点:

(1)IP 地址的分配是根据网络的拓扑,若将高效的路由选择方案建立在设备制造商的基础上,而不是网络所处的拓扑位置,这种方案是不可行的。

(2)当存在一个附加层的地址寻址时,设备更易于移动和维修。例如,一个网卡坏了,可以迅速更换,无须取得一个新的 IP 地址。如果一台主机从一个网络移动到另一个网络,可以重新配置一个 IP,而无须更换网卡。

(3)在网络中,数据包总是从链路上的源节点出发,从一个节点传递到另一个节点,最终传送到目的节点。数据包在这些节点之间的移动都是由 ARP 负责将 IP 地址映射到 MAC 地址来完成的。

4.4.2　集线器

集线器(Hub),简单地说就是一个多端口的中继器,它们都是物理层的连接设备,如图 4-10 所示。早期的以太网大多采用同轴电缆,信号在线路上传输,由于功率衰减,会引起信号失真,随着线路长度的增加,失真会越来越严重,从而导致接收方产生错误。中继器是最简单的物理层连接设备,用来对传送过来的波形进行还原、放大,复制比特流,扩展网络的范围。

集线器的功能同中继器差不多,是一种共享设备,可认为它是将总线折叠到铁盒子中的集中连接设备。它的出现使早期的以太网从总线连接变成星形连接,逻辑上仍是总线形共享网络。集线器是共享式网络进行集中管理的最小单元,常见的有 8 口、16 口、24 口等,可分为独立型、模块化和堆叠三种。由于集线器只能进行半双工通信,随着交换机价格的

降低,集线器在组网中的应用越来越少。

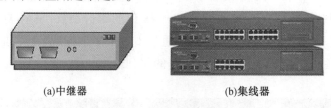

(a)中继器   (b)集线器

图 4-10   中继器和集线器

4.4.3 交换机

交换机是完成数据交换的设备。交换机既有工作在 OSI 模型第 2 层的,也有工作在 OSI 模型第 3 层的。这里要介绍的是工作在数据链路层的交换机,交换的对象是帧,其工作任务就是转发帧。交换机其实就是一种多端口的高速网桥,图 4-11 为思科 Catalyst 2900 系列交换机。

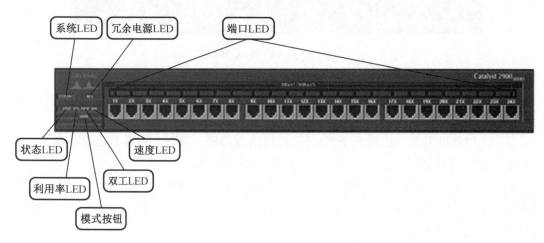

图 4-11   思科 Catalyst 2900 系列交换机

交换机是一种基于 MAC 地址识别,能完成封装转发数据包功能的网络设备。如图 4-12 所示,假设有一简单的交换式以太网,4 台计算机连接在交换机上,一开始,交换机的 MAC 地址表是空的。

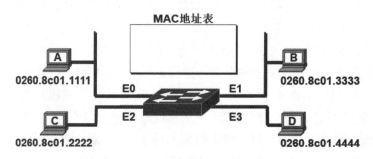

图 4-12   MAC 地址表初始状态

现在假设站点 A 要发送一帧数据至站点 C,此时因为站点 A 不清楚站点 C 连接在哪个端口,所以站点 A 发给站点 C 的这个帧被发送到 E1、E2、E3 上(广播)。交换机通过学习数据帧中的源地址,发现站点 A 的 MAC 地址是在 E0 端口所连接的网段上,立即将这个关系记录到 MAC 地址表中,如图 4-13 所示。

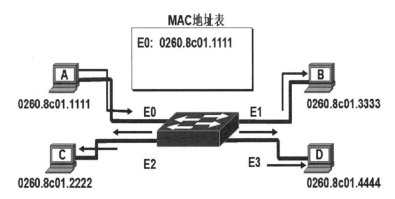

图 4-13 交换机学习 MAC 地址

经过一段时间的"学习",交换机最终会形成一张 MAC 地址表,如图 4-14 所示。连接在交换机中的计算机可以根据 MAC 地址表完成数据的转发。如站点 A 此时要发送数据至站点 C,可查阅 MAC 地址表。数据帧不需要广播,直接转发到 E2 端口的网段上。

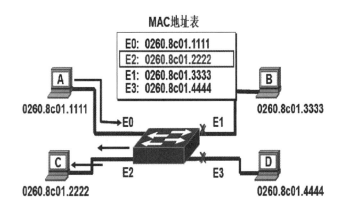

图 4-14 交换机转发数据帧

交换机的主要功能可总结如下:
(1)学习源地址(构造转发表);
(2)过滤本网段帧(隔离冲突域);
(3)转发异网段帧(交换);
(4)广播未知帧(寻找目的站点)。

4.5 虚拟局域网

在共享以太网中,所有节点都在同一冲突域中,同时也位于同一广播域中,即一个节点向网络中某节点广播也会被网络中所有的节点接收。如果在广播域中,广播帧的数量太多,就会严重降低网络性能,该现象称为"广播风暴"。一个冲突域肯定是广播域,反之则不成立。因为冲突域是物理层的事情,而广播域是链路层的事情,广播帧是根据特定的 MAC地址来定义的。

对于使用集线器连接的共享式以太网来说,整个网络就是一个冲突域,当节点的数量增加到一定程度时,冲突会频繁地发生,网络性能急剧下降。通常解决这个问题的一个方法就是网络分段,即把一个大的冲突域划分成若干个较小的冲突域,从而减小冲突发生的概率。利用交换机进行网络分段(可以是交换机或路由器)是最常见的一种方法,但交换机能解决冲突域的问题,却不能解决广播域的问题。例如,一个 ARP 广播会被交换机转发到与其相连的网段中,当网络上有大量请求时,就会产生广播风暴,从而导致网络瘫痪。此外,一个物理网段中的节点组成一个逻辑工作组,不同的逻辑工作组通过交换机或路由器来交换数据。如果一个逻辑工作组中的节点要转移到另一个逻辑工作组,就需要将节点从该网段撤下,然后连接到另一个网段上,甚至要重新布线,也就是说,逻辑工作组的成员组成要受网段的物理位置所限制。

网络分段示意图如图 4-15 所示。

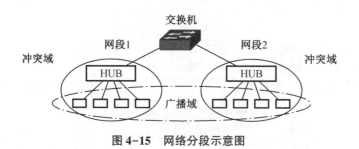

图 4-15　网络分段示意图

4.5.1　VLAN 概述

虚拟局域网(Virtual LAN,VLAN)是一种重新构造网络和用户的方式,建立在交换技术的基础上。1996 年 3 月,IEEE 802 委员会发布了 IEEE 802.1Q 标准,对 VLAN 进行了明确的定义。该标准的发布确保了不同厂商的互操作能力,并在业界得到了广泛的应用,成为VLAN 发展史上的重要里程碑。

VLAN 以软件的方式实现逻辑工作组的划分和管理,同一个逻辑工作组的成员既可以连接在同一交换机上,也可以连接在不同交换机上,不受物理位置的限制。简单一点说,可以按功能、部门、应用的需求来划分 VLAN,而不用考虑节点所在的位置和物理网段。一个VLAN 就是一个独立的广播域,同一 VLAN 的节点可以不受物理位置的限制进行互相访问,就像处于同一局域网中,但是不同的 VLAN 不能随意进行访问。

如图 4-16 所示,VLAN 按部门被划分为工程、财务、人事 3 个逻辑工作组,而每个部门的计算机可能位于不同的楼层。使用 VLAN 技术将位于不同物理位置且连在不同交换机端口的计算机划归同一 VLAN 中,经过这样的划分,同一 VLAN 中的计算机可以互相通信,不同 VLAN 的计算机不能直接通信。VLAN 可以在一个交换机中划分,也可以跨交换机划分。

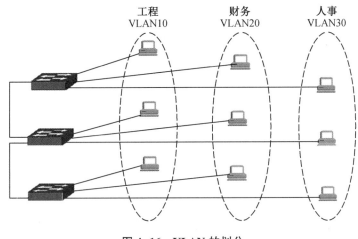

图 4-16　VLAN 的划分

4.5.2　VLAN 的优点

划分 VLAN 后,在没有增加设备投资费用的情况下,可以简化网络的管理,并提高网络的性能,具体表现在以下 3 个方面。

1. 限制广播域,防范广播风暴

网络中的很多服务都是利用广播实现的,它们会产生大量的广播信息。在较大规模网络中,大量的广播信息会导致网络性能急剧下降,从而引发广播风暴。在进行 VLAN 划分后,广播信息被限制在 VLAN 中,而不是发送到整个网络,从而大大地减少参与广播的设备数量,防止广播风暴波及整个网络。

2. 增强网络的安全性

共享式局域网很难确保网络的安全,因为只要监听集线器的某个端口,就可以访问网段上的所有节点。VLAN 的广播流量被限制在 VLAN 内部,可以人为控制广播组的大小和位置,降低了数据被窃听的可能。

3. 简化网络的管理

借助 VLAN 技术,网络管理员能轻松地管理网络。每个部门都处于各自的 VLAN 中,尽管办公位置不同,但部门成员都像在同一局域网一样通信。当某个成员位置变动,只需要借助软件进行简单设置即可。

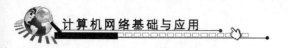
4.5.3 VLAN 的划分

把节点或计算机划分到某个 VLAN 中,通常有 3 种方法,区别主要表现在成员定义的方法上。

1. 基于端口

基于交换机端口划分 VLAN 是最常见、最简单有效的方法,此方法只需网络管理员进行设置即可。如图 4-17 所示,将一个 8 口的交换机划分为 VLAN10 和 VLAN20,其中 2、3、8 端口被划分给 VLAN10,1、5、6 端口被划分给 VLAN20。

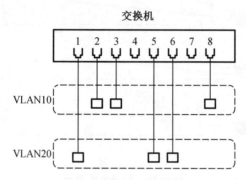

图 4-17 单交换机划分 VLAN

可以基于端口的方法划分 VLAN,也可以跨交换机划分 VLAN。如图 4-18 所示,交换机 A 的 1、3 端口和交换机 B 的 5、6、7 端口划分到 VLAN10,交换机 A 的端口 5、6、7 和交换机 B 的 2、3 端口划分到 VLAN20。

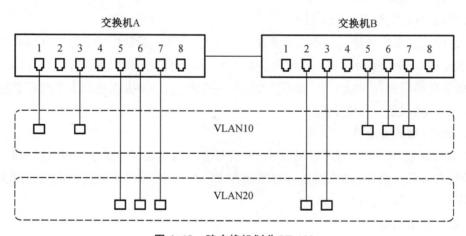

图 4-18 跨交换机划分 VLAN

这种方法属于静态 VLAN 配置,缺点是若一个用户从一个端口移动到另一个端口,必须重新定义。这种方法灵活性差,但安全性高,容易配置和维护。

2. 基于 MAC 地址

可以根据交换机端口收到帧的 MAC 地址来确定端口所属的 VLAN。因为每个节点的 MAC 地址是唯一的,所以这也可看成基于用户的 VLAN 划分方法。

这种划分方法属于动态 VLAN 配置。交换机根据帧中的 MAC 信息自动确定收到该帧的端口归属于哪个 VLAN。用 MAC 定义 VLAN 的缺点是用户在初始阶段必须配置到至少一个 VLAN 中去。初始配置要通过人工完成,随后就可以自动跟踪用户,但在大规模网络中,在初始化时,把大量用户配置到某个 VLAN 显然是一件非常烦琐的事。

3. 基于网络地址或网络协议

这种划分方法也属于动态 VLAN 配置,交换机根据收到分组中的 IP 地址或协议来确定端口所属的 VLAN。

4.6 无线局域网

无线局域网(Wireless Local Area Network,WLAN)采用无形的空气作为传输媒介,提供传统有线局域网的功能,是目前最普及、最热门的一种局域网。

无线局域网与传统局域网最大的不同在于传输媒介,不需要同轴电缆、双绞线、光纤等有形媒介。无线局域网由于不受到有形传输媒介的束缚,具有传统局域网无法比拟的灵活性,节点可以在无线局域网的通信范围内的任何地点自由地接入局域网。无线局域网作为传统有线网络的一种补充和延伸,把个人从办公桌边解放了出来,可以随时随地获取信息,提高了办公效率。

4.6.1 无线局域网标准

目前,比较流行的无线网络技术主要有 IEEE 802.11 标准、家庭网络标准和蓝牙技术。

1. IEEE 802.11 标准

IEEE 802.11 是目前无线局域网最常见的标准,很多公司都有基于该标准的无线网卡产品,IEEE 802.11 的制定是无线网络技术发展的一个里程碑。该标准定义了物理层和介质访问控制 MAC 协议规范,物理层定义了数据传输的信号特征和调制方法,定义了两个射频(RF)传输方法和一个红外线传输方法。由于 IEEE 802.11 标准速率最高只能达到 2 Mb/s,不能满足人们的需要,因此,IEEE 小组在此基础上逐渐完善,形成 IEEE 8.2.11x 系列标准。目前,IEEE 8.2.11 的最新版本是 8.2.11n,传输速率最高可以达到 108 Mb/s,甚至高于 500 Mb/s。

2. 家庭网络(Home RF)标准

Home RF(Home Radio Frequency)是一种专门为家庭用户设计的小型无线局域网技术。它是 IEEE 802.11 与 Dect(数字无绳电话)标准的结合,旨在降低语音数据成本。Home RF 在进行数据通信时,采用 IEEE 802.11 标准中的 TCP/IP 传输协议;进行语音通信时,则采用数字增强型无绳通信标准。Home RF 工作频率为 2.4 GHz,原来最大数据传输速率为 2 Mb/s,2000 年 8 月,美国联邦通信委员会(FCC)批准了 Home RF 的传输速率可以提高到

8~11 Mb/s。Home RF 最多可以实现 5 个设备之间的互联。

3. 蓝牙技术

蓝牙(Bluetooth)技术实际上是一种短距离无线数字通信的技术标准,工作在 2.4 GHz 频段,最高数据传输速度为 1 Mb/s(有效传输速度为 721 kb/s),传输距离为 10 cm~10 m,通过增加发射功率可达到 100 m。蓝牙技术主要应用于手机、笔记本电脑等数字终端设备之间的通信和这些设备与互联网的连接。对 IEEE 802.11 来说,蓝牙技术的出现不是为了竞争,而是为了相互补充。

4.6.2 无线局域网的拓扑结构

1. Ad-Hoc 模式

Ad-Hoc 模式又称为无线对等模式,这种应用包含多个无线终端和一个服务器,均配有无线网卡,但不连接到接入点和有线网络,而是通过无线网卡进行相互通信。它主要用来在没有基础设施的地方快速而轻松地建立无线局域网,如图 4-19 所示。

图 4-19 Ad-hoc 模式

2. Infrastructure 模式

Infrastructure 模式又称为基础结构模式,它与有线网络中的星形交换模式差不多,也属于集中结构类型。这种架构包含一个接入点和多个无线终端,接入点通过电缆连线与有线网络连接,通过无线电波与无线终端连接,可以实现无线终端之间的通信,以及无线终端与有线网络之间的通信。如图 4-20 所示,其中的无线 AP(Access Point,接入点),也叫无线接入点,相当于有线网络的交换机,起集中连接和数据交换的作用。Infrastructure 模式被广泛应用于医院、商店、工厂、学校等不适合网络布线的场合。

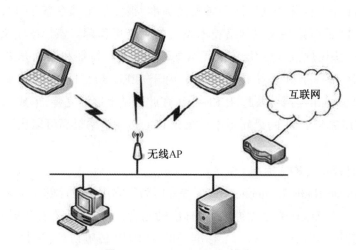

图 4-20 Infrastructure 模式

4.6.3　无线网络常见设备

1. 无线网卡

在有线局域网中,网卡是网络操作系统与网线之间的接口。在无线局域网中,无线网卡是操作系统与天线之间的接口,用来创建透明的网络连接。图 4-21 所示为常见无线网卡。

(a)PCI 无线网卡　　　　　(b)PCMCIA 无线网卡　　　　　(c)USB 无线网卡

图 4-21　常见无线网卡

2. 无线路由器

无线路由器集成了无线 AP 和宽带路由器的功能,因此不仅具备 AP 的无线接入功能,通常还支持 DHCP、防火墙、WEP 加密等功能,而且还包括了网络地址转换(NAT)功能,支持局域网用户的网络连接共享。绝大多数的无线宽带路由器都拥有 1 个 WAN 口和 4 个 LAN 口,可作为有线宽带路由器使用。无线路由器如图 4-22 所示。

图 4-22　无线路由器

3. 天线

无线 AP 作为无线网络中的重要设备,其性能的好坏直接关系到无线信号的强弱。要想提高无线网络的性能,选好和用好天线至关重要。在无线网络中,天线可以起到增强无线信号的作用,可以把它当作无线信号放大器。天线对空间的不同方向具有不同的辐射或接收能力。根据方向性的不同,可将天线分为全向天线和定向天线两种,如图 4-23 所示。

当室内距离超过 30 m、室外距离超过 100 m 就要考虑为无线 AP 或无线网卡加装外置天线,以增强信号强度。因为无线 AP 要为无线网络内的所有无线网卡提供信号,所以要选择全向天线;而无线网卡只需与无线 AP 进行通信,所以使用定向天线即可。

(a)全向天线   (b)定向天线

图 4-23   天线

4.7   本章实验

4.7.1   实验一:组建以太网

1. 实验目的

(1) 利用 TCP/IP 协议组建以太网。

(2) 通过共享文件夹的设置,理解网上邻居的工作原理。

2. 实验内容

用 TCP/IP 协议组建以太网并验证共享。

3. 实验设备

思科 2960 交换机、计算机、网线、水晶头、网线测线仪、网线钳。网线钳和网线测线仪如图 4-24 所示。

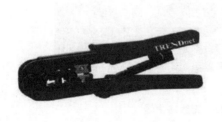

(a)网线钳   (b)网线测线仪

图 4-24   网线钳和网线测线仪

4. 实验步骤

(1) 直通线的制作。

目前,在局域网中常用到的双绞线是非屏蔽双绞线(UTP),它又分为 3 类、4 类、5 类等。其中 3 类双绞线的最高传输频率为 16 MHz,最高传输率为 10 Mb/s。目前,比较常见的是 5 类双绞线,最高的传输频率达到 100 MHz,最高传输率达到 100 Mb/s。直通线的线序如表 4-2

所示(按照 EAI-TIA-568B 标准)。

表 4-2　直通线的线序

线号	1	2	3	4	5	6	7	8
色标	白橙	橙	白绿	蓝	白蓝	绿	白棕	棕
引脚定义	TX+	TX-	RX+			RX-		

目前双绞线在计算机局域网真正使用的是 1 线(引脚定义为 TX+,用于发送数据,正极)、2 线(引脚定义为 TX-,用于发送数据,负极)、3 线(引脚定义为 RX+,用于接收数据,正极)和 6 线(引脚定义为 RX-,用于接收数据,负极),其中 1、2 为一对线,3、6 为一对线,4、5 为一对线,7、8 为一对线。在制作电缆时最好按照这个标准,如果在工程现场记不住这个标准颜色的顺序,那么只要记住 1、2 线用一对颜色的线,3、6 线用一对颜色的线即可。直通线如图 4-25所示。

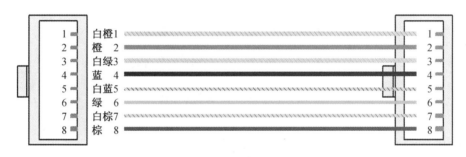

图 4-25　直通线

(2)搭建实验环境(图 4-26)。

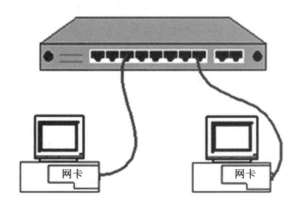

图 4-26　以太网组网

(3)安装 TCP/IP 协议,配置 TCP/IP 参数。

①通过"控制面板"→"网络和 Internet"→"网络和共享中心",添加 TCP/IP 协议,如图

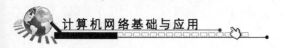

4-27 所示。

②在 TCP/IPv4 属性对话框,配置 IP 地址和子网掩码。

图 4-27　TCP/IP 参数的配置

(4)用 ping 命令测试网络中的计算机是否连通。

(5)设置共享文件夹。

在其中的一台计算机中设置共享文件夹,网络中的其他计算机打开"网上邻居",看能否看到共享的文件夹。当浏览网络上的共享文件夹时,可用前面实验中介绍的 netstat-a 命令查看正在提供共享文件夹的那台计算机与本地计算机打开了哪些 TCP 端口。

注意事项:要想使共享的文件夹能够被彼此看得见,计算机必须在同一个网段,即网络号要相同。

5. 实验报告要求

(1)给出两台计算机能够互相 ping 通的屏幕截图。

(2)给出能够访问提供共享文件夹的那台计算机的屏幕截图。

(3)IP 地址由哪几部分组成? 子网掩码在网络寻址中起到什么作用?

4.7.2　实验二:交换机的基本配置

1. 实验目的

掌握交换机安装和配置的基本方法。

2. 实验内容

(1)熟悉交换机的接口及接线。

（2）熟悉交换机的基本配置命令。

3. 实验器材

（1）思科 2950 交换机一台及随机附带的控制台专用线一根。

（2）装有网卡的 Windows 7（操作系统）计算机一台。

（3）直通双绞线若干。

4. 实验步骤

（1）交换机常见的几种命令模式

初次配置交换机时一般使用控制台线，即一端连接计算机的串口，另一端连接交换机的控制台口，计算机使用超级终端进入交换机的操作系统，如图 4-28 所示。

PC-PT　　　　　　　　　　　　2950T-24
PC0　　　　　　　　　　　　　Switch0

图 4-28　交换机的初次配置

命令模式如下：

switch>（用户命令模式）

switch#（特权命令模式）

switch(config)#（全局配置模式）

switch(config-if)#（端口配置模式）

不同的模式对应不同的命令集，可使用问号查询。下面介绍几种模式的切换。

switch>enable	//用户模式进入特权模式
switch#exit	//退回用户模式
switch#write	//保存交换机的当前配置
switch#configure terminal	//进入全局配置模式
switch(config)hostname AAA	//更改主机名
AAA(config)interface fa0/1	//进入端口配置模式
AAA(config-if)	

（2）检查、查看命令

switch#show version	//显示交换机操作系统的版本号
switch#show vlan	//查看 VLAN 划分情况
switch#show flash	//查看 FLASH 使用情况
switch#show mac-address-table	//查看 MAC 地址列表

（3）交换机的远程管理（Telnet）

利用控制台完成交换机的初次配置之后，为了方便网络管理人员，还要使交换机可以进行远程管理，如图 4-29 所示，这个过程可以分为以下三个步骤。

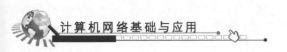

PC-PT
PC0

2950T-24
Switch0

图 4-29　交换机的远程管理

①配置交换机的远程管理密码

switch>enable

switch#configure terminal

switch(config)#enable secret CISCO　　//配置进入特权管理模式的密码

switch(config)#line vty 0 4　　//允许 5 个终端远程登录

switch(config-line)#password Telnet　　//设置远程登录密码

switch(config-line)#exit

②配置管理 IP 地址

switch(config)#interface vlan 1　　//交换机默认所有端口归 VLAN1 管理

switch(config-if)#ip address 192.168.0.1 255.255.255.0

switch(config-if)#no shut　　//激活 VLAN1

switch(config-if)#exit

③给 PC 机配置 TCP/IP 参数,远程登录交换机

给 PC 机配置 IP 地址,要注意和 VLAN1 在同一个网段上,而且网关要配置成 VLAN1 的 IP 地址,如图 4-30 所示。然后,当计算机和交换机能够互相 ping 通时,计算机就能以 Telnet 的方式完成对交换机的远程管理。

```
Packet Tracer PC Command Line 1.0
PC>ping 192.168.0.1

Pinging 192.168.0.1 with 32 bytes of data:

Request timed out.
Reply from 192.168.0.1: bytes=32 time=4ms TTL=255
Reply from 192.168.0.1: bytes=32 time=4ms TTL=255
Reply from 192.168.0.1: bytes=32 time=3ms TTL=255

Ping statistics for 192.168.0.1:
    Packets: Sent = 4, Received = 3, Lost = 1 (25% loss),
Approximate round trip times in milli-seconds:
    Minimum = 3ms, Maximum = 4ms, Average = 3ms

PC>telnet 192.168.0.1
Trying 192.168.0.1 ...


User Access Verification

Password:
AAA>en
Password:
AAA#
```

图 4-30　交换机的远程管理

5. 实验报告要求

(1)以 Telnet 的方式修改交换机主机名为学号+姓名拼音首字母,给出截图证明通过远程方式对交换机进行管理是成功的。

(2)什么是远程登录?

(3)请用"与"运算计算计算机 IP 地址的网络号与 VLAN1 IP 地址的网址号,它们是否一致。

4.7.3 实验三:单交换机划分 VLAN

1. 实验目的

掌握基于端口划分 VLAN 的基本方法。

2. 实验内容

(1)在交换机上创建两个虚拟局域网 VLAN10 和 VLAN20。

(2)将交换机的 5、15 端口划到 VLAN10,将端口 10 划到 VLAN20。

3. 实验器材

(1)思科 2960 交换机一台。

(2)装有网卡的 Windows 7(操作系统)计算机三台。

(3)直通双绞线若干。

4. 实验步骤

(1)将三台计算机用直通线连接到交换机的 5、10、15 三个端口,并将它们 TCP/IP 参数配置在同一网段,此时,计算机两两可以互相 ping 通。

(2)按图 4-31 将三台计算机划分到两个 VLAN 中,同一 VLAN 可以互相 ping 通,不同 VLAN 则不能 ping 通。

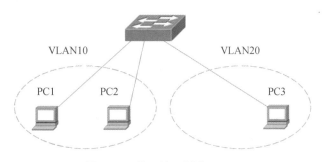

图 4-31 基于端口划分 VLAN

①创建 VLAN

switch>en

switch#conf t

switch(config)#vlan 10//创建 VLAN10

switch(config-vlan)#exit

switch(config)vlan 20//创建 VLAN20

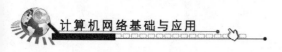

switch(config-vlan)#exit

switch(config)#exit

switch#show vlan

此时可以看到所有端口都归 VLAN1 管理,VLAN10 和 VLAN20 中都没有端口。

②划分 VLAN

switch(config)#interface fa0/5

switch(config-if)switchport mode access

switch(config-if)switchport access vlan 10   //将端口5划分给 VLAN10

switch(config-if)exit

同理,接下来将端口 15 划分给 VLAN10,端口 10 划分给 VLAN20。此时在特权模式下用 show VLAN 命令可观察到 VLAN1 少了三个端口,而端口 5、15 被划分给 VLAN10,端口 10 被划分给 VLAN20。

5. 实验报告要求

(1)截图验证同一 VLAN 可以互相通信,不同 VLAN 不能互相通信。给出显示交换机的 VLAN 信息的屏幕截图。

(2)为什么要划分虚拟局域网,它有什么好处?

4.7.4　实验四:跨交换机同一 VLAN 间通信

1. 实验原理

当一个 VLAN 跨过不同的交换机时,在同一 VLAN、不同交换机的计算机进行通信时需要使用 Trunk。Trunk 是一种封装技术,它是一条点到点的链路。

Access 类型的端口,只能属于 1 个 VLAN,一般用于连接计算机的端口。Trunk 的端口可以允许多个 VLAN 通过,可以接收和发送多个 VLAN 报文,一般用于交换机之间连接的端口。Trunk 技术使得一条物理线路可以传送多个 VLAN 的数据。

要传输多个 VLAN 的通信,需要用专门的协议封装或者加上标记(tag),以便接收设备能区分数据所属的 VLAN。VLAN 标识从逻辑上定义了哪个数据包是它的,而我们最常用的协议是 IEEE 802.1Q 和 CISCO 专用的协议 ISL。

交换机从某一 VLAN(如 VLAN10)收到数据后,在 Trunk 链路上进行传输前,会加上一个标记,表明该数据是 VLAN10 的,到了对方交换机,交换机会把该标记去掉,只发送到属于 VLAN10 的端口。

2. 实验目的

(1)掌握跨交换机同一 VLAN 间的通信。

(2)了解交换机端口的 Access 模式和 Trunk 模式。

3. 实验器材

(1)思科 2960 交换机两台。

(2)直通线和交叉线若干。

(3)计算机 3 台。

4. 实验拓扑(图 4-32 和表 4-3)

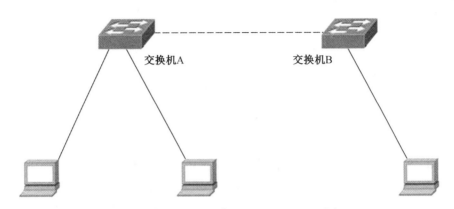

主机1：VLAN10 IP：192.168.1.10/24　　主机2：VLAN20 IP：192.168.1.20/24　　主机3：VLAN20 IP：192.168.1.200/24

图 4-32　跨交换机同一 VLAN 通信实验拓扑

表 4-3　交换机 VLAN 连接情况

端口	交换机 A	交换机 B
24	Trunk	Trunk
10	VLAN10	—
20	VLAN20	VLAN20

5. 实验步骤

(1)将交换机和计算机按图进行连接,交换机 A 的 24 口连接到交换机 B 的 24 口。

(2)在交换机 A 上将端口 10 划分给 VLAN10,将端口 20 划分给 VLAN20。

(3)在交换机 B 上将端口 20 划分给 VLAN20。

(4)将交换机 A 和交换机 B 的 24 端口配置成 Trunk 模式。

Switch(config)#interface fa0/24

Switch(config)#switchport mode trunk

(5)实验验证。

在计算机 1 上不能 ping 通计算机 2,因为它们不属于同一 VLAN。计算机 2 和计算机 3 互相 ping 通,因为它们同属于 VLAN20。计算机 3 不能 ping 通计算机 1,因为它们不属于同一 VLAN。

6. 实验思考

Access 端口和 Trunk 端口有什么不同?

4.7.5　实验五:生成树实验

1. 实验原理

交换机之间有冗余链路本来是一件好事,但是它有可能引起的问题比它能解决的问题还要多。如果有两条以上的路,交换机并不知道如何处理环路,只会周而复始地转发帧,形成一个死循环。这个死循环会造成整个网络处于阻塞状态,从而网络瘫痪,这就是所谓的广播风暴。

采用生成树协议(Spanning Tree Protocal,STP)可以避免环路,生成树协议的目的是将一个存在物理环路的交换网络变成一个没有环路的逻辑树形网络。生成树协议在交换机上运行一套复杂的算法,使冗余端口处于"阻断状态",使得接入网络的计算机在与其他计算机通信时,只有一条链路生效,而当这个链路出现故障无法使用时,生成树协议会重新计算网络链路,将处于"阻断状态"的端口重新打开,从而保障了网络的正常运转。

简单地说,生成树协议的基本原理是通过在交换机之间传递一种特殊的协议报文,即网桥协议数据单元(Bridge Protocol Data Unit,BPDU),来确定网络的拓扑结构,把一个环形的结构改变成树形的结构。生成树协议就是用来将物理上存在环路的网络,通过一种算法,在逻辑上阻塞一些端口,来生成一个逻辑上的树形结构,逻辑上断开环路,防止广播风暴的产生。当线路故障,阻塞接口被激活,恢复通信,起备份线路的作用。

生成树协议虽然很复杂,但是其过程可以归纳为以下几个步骤。

(1)选择根网桥。选择根网桥的依据是网桥ID,网桥ID由网桥优先级和网桥MAC地址组成,网桥的默认优先级是32 768,步长4 096。网桥ID值小的为根网桥,当优先级相同时,MAC地址小的为根网桥。

(2)选择根端口。每个非根交换机选择一个根端口。选择的数据为到根网桥最低的根路径成本。端口ID由端口优先级与端口编号组成,默认的端口优先级为128。

(3)选择指定端口。每个网段上选择一个指定端口。选择顺序为:根路径成本较低→发送网桥协议数据单元的交换机网桥ID值较小→本端口的ID值较小。另外,根网桥的端口皆为指定端口,因为根网桥上端口的根路径成本都为0。

(4)非指定端口被阻塞。

2. 实验目的

(1)理解交换机生成树的基本概念与工作原理。

(2)理解生成树协议的作用。

(3)掌握生成树协议的配置。

3. 实验器材

(1)思科2960交换机两台。

(2)交叉线和直通线若干。

(3)计算机两台。

4. 实验拓扑

图4-33中交换机A的第5端口和交换机B的第5端口相连,交换机A的第10端口和交换机B的第10端口相连,计算机1与交换机A20端口相连,计算机2与交换机B20端口相连。

5. 实验步骤

(1)使用两根交叉线将网络设备按图4-33进行连接,因为默认情况下思科设备是启用生成树协议的,在特权模式下,使用show spanning-tree命令,可以观察到交换机B的第10端口处于阻塞状态,如图 4-34 和图 4-35 所示。

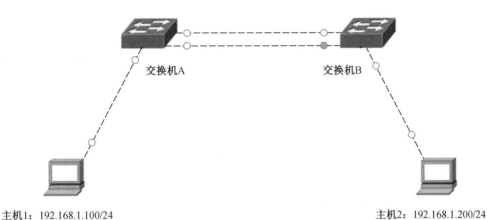

主机1: 192.168.1.100/24   主机2: 192.168.1.200/24

图 4-33   生成树实验拓扑

```
switchA>en
switchA#show spanning-tree
VLAN0001
  Spanning tree enabled protocol ieee
  Root ID     Priority      32769
              Address       0010.11C4.5C00
              This bridge is the root
              Hello Time 2 sec  Max Age 20 sec  Forward Delay 15 sec

  Bridge ID   Priority      32769   (priority 32768 sys-id-ext 1)
              Address       0010.11C4.5C00
              Hello Time 2 sec  Max Age 20 sec  Forward Delay 15 sec
              Aging Time  20

Interface           Role Sts Cost       Prio.Nbr Type
---------------     ---- --- ---------   -------- --------
Fa0/5               Desg FWD 19           128.5    P2p
Fa0/10              Desg FWD 19           128.10   P2p
Fa0/20              Desg FWD 19           128.20   P2p
```

图 4-34   交换机 A 的生成树

(2)关闭生成树协议,即在全局模式下,关闭交换机 A 和交换机 B 的生成树协议。

Switch(config)#no spanning-tree vlan 1

此时在计算机 1 上 ping 计算机 2,会产生广播风暴,情况如图 4-36 所示。

(3)重新启用生成树协议。在交换机 A 和交换机 B 上重启生成树协议,可以观察到交换机 A 和交换机 B 恢复到步骤 1 状态。

(4)改变交换机 B 的生成树优先级。

Switch(config)#spanning-tree vlan 1 priority 4096

```
switchB>en
switchB#show spanning-tree
VLAN0001
  Spanning tree enabled protocol ieee
  Root ID    Priority    32769
             Address     0002.4A58.1616
             Cost        19
             Port        5(FastEthernet0/5)
             Hello Time  2 sec  Max Age 20 sec  Forward Delay 15 sec

  Bridge ID  Priority    32769  (priority 32768 sys-id-ext 1)
             Address     0060.478D.862E
             Hello Time  2 sec  Max Age 20 sec  Forward Delay 15 sec
             Aging Time  20

Interface         Role Sts Cost      Prio.Nbr Type
----------------  ---- --- --------- -------- --------------------------------
Fa0/5             Root FWD 19        128.5    P2p
Fa0/20            Desg FWD 19        128.20   P2p
Fa0/10            Altn BLK 19        128.10   P2p
```

图 4-35　交换机 **B** 的生成树

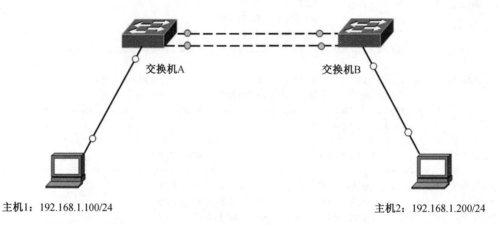

主机1：192.168.1.100/24　　　　　　　　　　　　　　　　　　主机2：192.168.1.200/24

图 4-36　广播风暴

此时观察交换机 A 的生成树的情况，可以看到交换机 A 的第 10 端被阻塞，广播风暴消失了，如图 4-37 所示。

6. 实验总结

（1）生成树协议怎样选取根桥？

（2）何时需要在交换机上设置生成树协议？

```
Switch#show spanning-tree
VLAN0001
  Spanning tree enabled protocol ieee
  Root ID    Priority    4097
             Address     0001.C966.A710
             Cost        19
             Port        5(FastEthernet0/5)
             Hello Time  2 sec  Max Age 20 sec  Forward Delay 15 sec

  Bridge ID  Priority    32769   (priority 32768 sys-id-ext 1)
             Address     0000.0C08.37C9
             Hello Time  2 sec  Max Age 20 sec  Forward Delay 15 sec
             Aging Time  20

Interface        Role Sts Cost        Prio.Nbr Type
---------------- ---- --- ---------   -------- --------------------------
Fa0/10           Altn BLK 19          128.10   P2p
Fa0/20           Desg FWD 19          128.20   P2p
Fa0/5            Root FWD 19          128.5    P2p
```

图 4-37 改变优先级后的交称机 A 生成树

4.7.6 实验六:组建无线局域网

1. 实验目的

掌握小型无线局域网的组建方法。

2. 实验内容

(1)对无线路由器进行设置。

(2)根据运营商提供的入网方式,对网络设备进行连接。

(3)将计算机接入互联网。

3. 实验器材

光猫一台(光电信号转换设备)、TP-link 无线路由器一台、计算机一台。

4. 实验步骤

(1)路由器配置

①将无线路由器和计算机按图 4-38 进行连接。

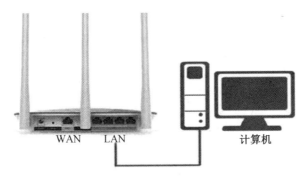

WAN   LAN   计算机

图 4-38 无线路由器配置

②将计算机的 IP 地址设为 192.168.0.x,子网掩码设置为 255.255.255.0。打开计算机的浏览器,在地址栏输入路由器的管理 IP 地址 192.168.0.1(一般在路由器底部或说明书上),然后输入用户名、密码(默认的路由器用户名、密码一般都是 admin)进入路由器的管理界面,如图 4-39 所示。点击左边的上网设置配置上网方式,输入运营商提供的账号,并设置密码。

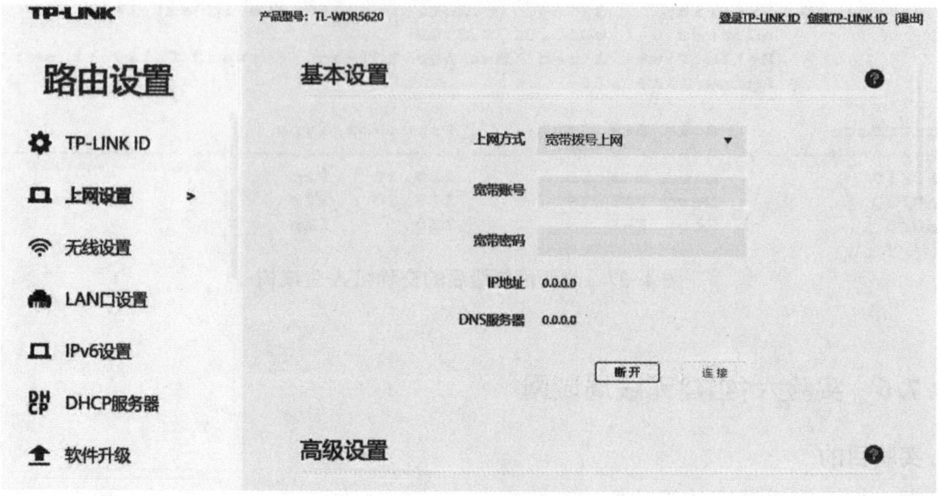

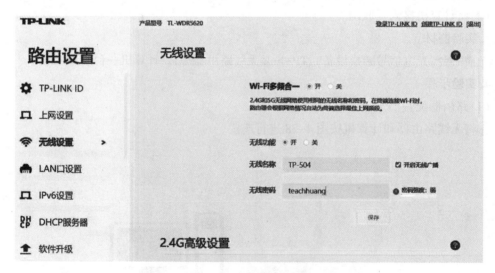

图 4-39 路由器管理界面

③点击左边的无线设置,设置无线网络的名称和接入无线网络的密码,如图 4-40 所示。

图 4-40 路由器无线设置

④点击左边 DHCP 服务器,设置无线局域中计算机自动获取 IP 地址的范围,如图 4-41 所示。

(2)设备连接

根据运营商提供的入网方式,按图 4-42 连接网络设备,本实验以光纤入户为例。

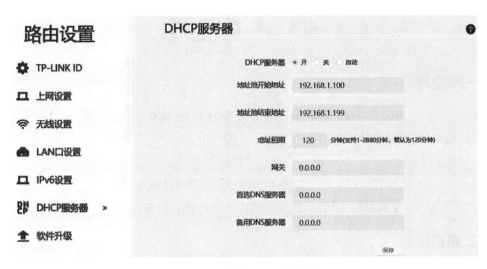

图 4-41 设置 DHCP 服务器

图 4-42 光纤入户

(3)设置计算机动态获取 IP

在完成路由器的配置并完成连接之后,选择采用动态获取 IP 地址的方式。

(4)接入局域网

网络设置完成后,可利用手机、平板或笔记本电脑等搭载无线网卡的设备接入网络,只需要选择网络名称 TP-504,并输入密码,然后连接即可。

4. 实验思考

(1)光猫和无线路由器有什么区别?本实验对网线有没有要求?

(2)总结并讨论实验中出现中的问题。

4.8 本章习题

一、填空题

1. _____成为现行以太网的标准,并成为 TCP/IP 体系结构的一部分。

2. 局域中的数据链路层可分为_____子层和_____子层。

3. VLAN 可根据_____和_____进行划分。

4. _____集线器又称为中继器,是共享式以太网的核心设备。

5. _____交换机称为网桥,是交换式以太网的核心设备。

二、单选题

1. 下列不属于局域网的是( )。

A. ATM   B. FDDI   C. VLAN   D. Internet

2. 下列选项中不使用 CSMA/CD 协议的是( )。

A. 标准以太网   B. 快速以太网   C. 千兆以太网   D. 万兆以太网

3. 下列选项中,交换机会将帧发送至所有端口的是( )。

A. 交换机知道接收帧的目的网卡的位置

B. 交换机不知道接收数据包的目的网卡位置

C. 交换机不知道接收数据帧的目的网卡位置

D. 以上都不是

4. 100Base-T Ethernet 局域网中,下列说法不正确的是( )。

A. 100 指的是传输速率为 100 Mb/s

B. Base 指的是基带传输

C. T 指的是以太网

D. T 指的是双绞线

5. 10Base-T 标准规定使用 5 类 UTP 时,从网卡到集线器的最大距离为( )。

A. 500 m   B. 200 m   C. 300 m   D. 100 m

6. 局域网中使用得最广泛就是以太网,下面说法正确的是( )。

A. ①和③   B. ②和④   C. ①和②   D. ②③和④

①不需要路由功能;②以 CSMA/CD 方式工作;③采用广播方式进行通信;④传输速率通常可达 10~100Mb/s。

三、简答题

1. 局域网有哪些特点?

2. 简述 CSMA/CD 介质访问控制过程。

3. 用图示说明 IEEE 802 参考模型和 OSI 模型的对应关系。

4. 简述交换机 MAC 地址表的形成过程。

5. 简述共享式以太网的特点。

6. 虚拟局域网具有哪些特点? 其划分的方法有哪几种?

7. 交换式以太网和共享式以太网有哪些不同?

8. 网卡在出厂时都有唯一的 MAC 地址,为什么还需要为每台主机分配一个 IP 地址呢?

9. 网卡的功能是什么?

第5章 网络互联

随着计算机网络技术和通信技术的飞速发展,单一的网络环境已不能满足社会的信息需求。网络互联是指将不同的网络连接起来,形成更大规模的网络,以实现更大范围的资源共享和信息交流。我国的三网融合就是网络互联的典型的例子,广电、互联网、电信三个独立的网络在向数字电视网、宽带通信网、下一代互联网发展的过程中,网络互联互通,在实现资源共享的同时,能为用户提供信息、电视、语音等多种服务。

5.1 网络互联概述

5.1.1 网络互联的概念

网络互联是指将分布在不同地理位置的单个网络,通过网络互联设备进行连接,使之成为一个更大规模的网络互联系统,从而实现更大范围的数据通信和资源共享。

互联的网络可以是同种类型的网络,也可以是不同类型的网络,还包括运行不同网络协议的设备与系统。每个网络中的资源虽然物理结构是分散的,但都成为互联网络中的资源,能提供共享服务。

5.1.2 网络互联的优点

(1)扩大资源的共享。将全世界的计算机网络互联起来就构成了独一无二的网络——互联网。互联网上的用户只要遵循 TCP/IP 协议就能获取资源,共享信息,从而达到降低获取网络资源成本,扩大网络地理覆盖范围的目的。

(2)屏蔽各个物理网络的差别。由于网络寻址机制的差别,不同网络有不同的端名字、编址方法和目录保持方案;不同网络的最大分组长度存在差别,分组从一个物理网络到达另一个网络时,往往因为最大分组长度不一致,需要分段,然后在目的网络再合并。因此全网统一有利于屏蔽各个物理网络的差别。

(3)提高和改善网络的性能,增强网络的安全性和可靠性等。

5.2　网络互联的类型和层次

5.2.1　网络互联的类型

网络互联的可以是小型网络,也可以是中型和大型网络。网络互联的类型主要有以下几种。

1. 局域网与局域网互联

局域网互联是最常见的一种互联方式,例如公司和学校的多个局域网进行互联。局域网与局域网互联又分为同种局域网互联和异种局域网互联两种,同种局域网互联是指采用相同协议的局域网互联,经常使用中继器、集线器、网桥、交换机等设备;异种局域网互联是指不同协议的局域网互联,如以太网和令牌环网,主要使用网桥、路由器等设备。

2. 局域网与广域网互联

局域网与广域网互联,扩大了数据通信的范围,将机构或单位使用的局域网连入更大范围的网络系统,其范围可以超越甚至可跨越国界。局域网与广域网互联技术中,路由器、三层交换机都是常用的网络设备。

3. 广域网与广域网互联

广域网与广域网互联一般在政府的通信部门或国际组织间进行,普通用户没有机会接触,互联设备主要是路由器和网关。

5.2.2　网络互联的层次

根据 OSI 模型,可以将网络互联的层次分为以下四层:

1. 物理层互联

物理层互联只是连接多个网段,起到扩大网络范围的作用。其主要设备是中继器和集线器,作用是放大传输信号,用于延长网络覆盖的范围,克服信号经过长距离传输之后引起的衰减。

2. 数据链路层互联

数据链路层互联的设备是网桥和交换机,用于互联两个或多个同一类型的局域网。网桥和交换机的作用是对数据进行存储和转发,并且能根据 MAC 地址对数据进行过滤。

3. 网络层互联

网络层互联的设备是路由器和三层交换机。网络层互联主要是解决路由选择、拥塞控制、差错处理与分段技术等问题。

4. 高层互联

高层互联用于在传输层及以上层次的互联,互联设备是网关。

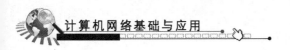
5.3 典型网络互联设备

5.3.1 中继器与集线器

中继器与集线器都工作在物理层,它们的概念模型如图 5-1 所示。在计算机网络中,通信线路上传输的信号会因为损耗而导致功率衰减,当信号衰减累积到一定程度时就会造成信号失真,从而使接收方收到错误的数据。中继器就是为了解决这一问题而设计的,它只是简单地完成信号的放大和复制,是最简单的网络互联设备。

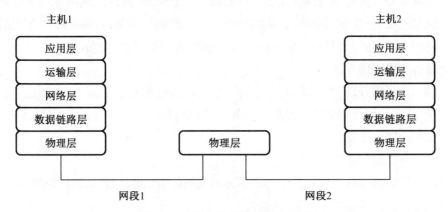

图 5-1 中继器与集线器概念模型

一般情况下,中继器的两端连接的是相同的媒体,理论上讲,中继器的使用是无限的,网络可无限延伸,但因为网络标准的规定,中继器只能在规定范围内工作。

集线器就是一个多端口的中继器,其主要功能也是对收到的信号进行再生、整形和放大,它的出现使总线型以太网演变成星形拓扑,但逻辑上仍然是总线共享介质的网络。如果集线器接入了 N 台计算机,那么每台计算机的平均带宽就是接入一台计算机时的 $1/N$,如果接入计算机继续增加,则每台计算机的平均带宽越来越小,网络性能急剧下降。

使用集线器互联的共享介质的以太网存在如下缺点:

(1)用户数据向所有节点广播,随时都会被监听,带来不安全因素;

(2)由于所有信息向所有节点广播,加上共享带宽的方式,会造成网络塞车;

(3)集线器只能进行非双工传输,即共享介质任一时刻只能传输一个节点的信号,而不能像交换机那样进行全双工传输,效率低下。

5.3.2 网桥和交换机

网桥和交换机都工作在 OSI 模型的数据链路层,它们都是依据数据帧中的 MAC 地址来对数据接收、过滤与数据转发。网桥和交换机概念模型如图 5-2 所示。

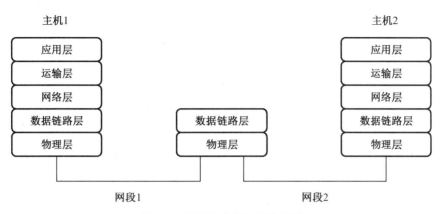

图 5-2 网桥和交换机概念模型

人们利用"分段"的方法解决共享式以太网存在的问题,通过分段既可以保证部门内部信息不会发送至其他部门,又可以保证部门之间的信息交互。网桥把一个网段分为多个网段,把冲突限制在一些细分的网段之内,提高了网络的带宽;通过在网段间转发帧,可以扩大以太网的范围。

网桥类似于交换机,其内部结构中有站表,用来存放各站点地址和对应的端口,网桥的工作原理如图 5-3 所示。站表是通过网桥的学习功能逐步建立的。网桥收到数据帧后将其源地址与站表中数据进行比较,如源地址不在站表中,则网桥会将源地址和端口号加入站表。网桥收到数据帧后,会将目的地址与站表中数据进行对比,如果目的地址不在站表中,则会把该帧广播出去;如果目的地址在站表中,网桥则把数据帧转发至对应端口。

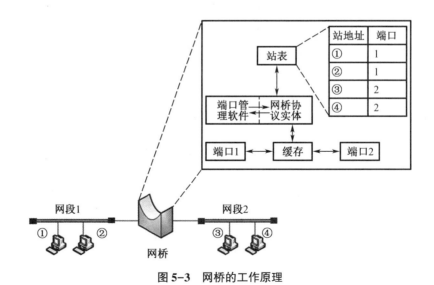

图 5-3 网桥的工作原理

交换机的外形与集线器差不多,被用来解决以集线器为主要连接设备的共享式网络通信效率低的问题。交换机的工作原理在第 4 章已进行了介绍,其功能与网桥一样,又被称为多端口高速网桥。交换机比网桥优越的地方主要体现在以下几点:

（1）交换速度快,通过集成电路实现线速转发;

（2）能解决网络主干通信拥挤问题;

（3）端口密度高,一台交换机可连接多个网段,降低了组网成本。

5.3.3　路由器和三层交换机

路由器和三层交换机工作在 OSI 模型的网络层,用以实现不同网络和网段之间的连接,其工作概念模型如图 5-4 所示。

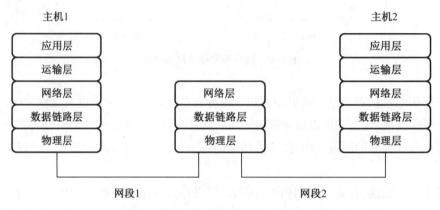

图 5-4　路由器和三层交换机的概念模型

1. 路由器的组成

路由器是网络互联中非常重要的网络通信设备,主要用于局域网与广域网或者广域网与广域网之间的连接。互联网就是由许多路由器连接而成的,路由器技术始终处于互联网研究领域的核心地位,路由器的发展历程基本就是互联网研究的缩影。

路由器是一种具有多输入端口和多输出端口的计算机系统,由内部构件和外部构件两部分级成,其内部构件由如下几部分组成。

（1）CPU——负责路由计算、路由选择,是路由器性能的一个重要指标。

（2）RAM(随机存储器)——用以存放路由表、ARP 高速缓存、分组交换缓存等,路由器重启或断电后,RAM 中的内容会丢失。

（3）NVRAM(非易失性 RAM)——用以存放路由器的 startup 配置文件,重启或者断电后内容不会丢失。

（4）FLASH(快速内存)——用以存放路由器的操作系统和微代码,重启或者断电后内容不会丢失。

（5）ROM(只读存储器)——用以存放 POST 诊断所需的指令。

外部构件是指路由器背板的各种接口,主要有自适应以太口(10/100 Mb/s)、Console 口、串口、开关及电源等,串口连接广域网,以太口连接局域网,Console 口用于连接计算机或终端,如图 5-5 所示。

2. 路由器的结构

路由器主要由输入端口、输出端口、交换结构和路由处理器四部分组成,如图 5-6 所示。

比特流从输入端口的物理线路进入,经链路层帧执行解封操作之后,取出网络层分组,然后在路由表中查找输入分组的目的地址并确定其目的端口,最后通过交换结构将分组转发到指定的输出端口。

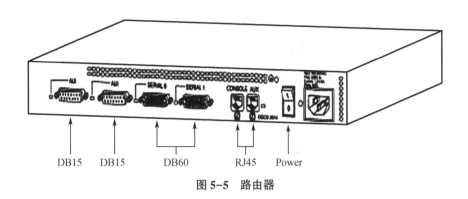

图 5-5 路由器

路由处理器

1——物理层
2——链路层
3——网络层

路由协议

路由表

输入端口

1 2 3

分组处理

转发表

输出端口

3 2 1

输入端口

1 2 3

交换结构

输出端口

3 2 1

图 5-6 路由器结构图

3. 路由器的基本功能

路由器位于网络的边界,能够互联异构网络或进行多个子网的互联。路由器工作在网络层,处理的对象是 IP 地址,路由器能根据 IP 地址的网络号部分,为经过路由器的 IP 数据包寻找一条最佳传输路径,把数据传送到目的地。

所谓"路由",就是把数据包从一个网络送到另一个网络设备上的路径信息。路由的完成有两个最基本的步骤:一是选择合适的路径;二是对数据包进行转发。简单地说,当网络上的计算机处于不同的网络时,如果它们需要通信,就需要用路由器进行连接,如图 5-7 所示。

交换机能分隔冲突域,但不能分隔广播域。当人为产生或因病毒、网卡损坏、网络环路而产生广播帧,导致网络性能急剧下降时,即产生广播风暴。用路由器对网络进行分段时既可以隔离冲突,也可以分隔广播域,如图 5-8 所示。路由器能对多种原因产生的广播帧进行过滤,抑制广播风暴的产生,提高网络性能。

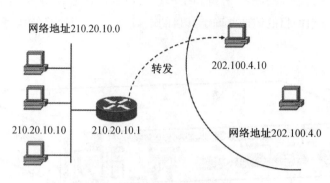

图 5-7　路由器转发数据包

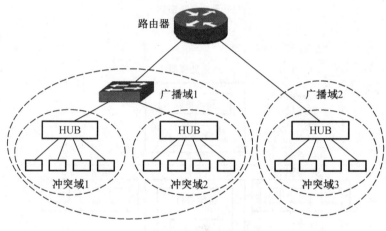

图 5-8　路由器对网络分段

4. 三层交换机

三层交换机实质上是将二层交换机与路由器结合起来的网络设备,它既能完成数据交换功能,又能完成数据路由功能。

交换机工作在数据链路层,数据转发的速度比较快,但只能互联相同类型的网络,当异构网络需要互联时就要用到路由器。路由器的每一次转发都需要查看路由表,这会造成路由器的速度比交换机要慢,因此人们在二层交换机的基础上增加了路由模块,具有路由功能的三层交换机就产生了。

当三层交换机收到一个数据包时,如果目的 IP 与源 IP 在同一个网络,三层交换机充当二层交换机,直接对数据包进行转发。如果目的 IP 与源 IP 不在同一个网络,就向三层交换机发送一个 ARP 请求,三层交换机收到请求后,就向目的网络发送 ARP 请求,获取目的 IP 计算机的 MAC 地址,并将其发送给源 IP 所在的计算机,这样目的节点与源节点就能互相通信。

5.3.4　网关

网关又称网间连接器或协议转换器,工作在 OSI 模型的传输层或更高层。网关是让两个不同类型的网络能够互相通信的软件或硬件,是应用系统级的网络互联设备。

网关在传输层以上实现网络互联,是最复杂的网络设备。网关可以用于局域网互联,也可以用于广域网互联,是一种充当转换重任的计算机系统或设备。

局域网接入互联网的时候,通常要设置所谓的"默认网关"。这就好比一个中国商人要同多国商业代表进行商业洽谈,此时需要多个翻译人选(主机可以有多个网关),如果实在找不到合适的,就把数据发给默认的翻译(比如"英语翻译"),由"英语翻译"负责处理数据,这个"英语翻译"就是默认网关。

5.4　路由协议

5.4.1　路由表

路由器的功能可以概括为路由选择、数据转发和数据过滤,这些功能必须根据路由器中的路由表才能实现,如图 5-9 所示。

目的网络	路径（下一跳）	路径成本/开销
10.10.1.0	直接	0
10.10.2.0	直接	0
10.10.3.0	10.10.2.2	1

图 5-9　路由表

路由器与交换机类似,也有一张表——路由表。路由表用来告诉互联网上的主机到某个网络要怎么走,相当于现实世界的岔路口交通指示牌。

路由表通常包含(目的网络地址、下一跳、代价)三元组。路由表的查询需要时间,路由表越短越好(查询速度快),所以三元组第一项是目的网络地址;三元组第二项下一跳则表示到目的网络要经过下一个路由器的某个接口(IP 地址);三元组第三项代价则是一个综合的衡量指标,其值可以是距离、时延、费用等因素。

5.4.2　路由协议

路由表中保存了各种路径的数据,供路由选择时使用,那么路由表中的信息是怎么来的呢? 这个问题就涉及路由协议。路由协议通常使用路由选择算法来获取路由信息,路由选择算法实际上就是路由协议的核心。

路由表的信息随网络拓扑的变化而变化。建立、更新路由表的算法称为路由算法。自动学习、记忆网络的变化并根据路由算法重新计算路由的协议称为路由选择协议。

路由协议包括静态路由协议和动态路由协议。静态路由协议中的路由获取方法很难算得上是算法,只不过是由网管预先手工设置的路由表项。静态路由协议比较容易设计,在小型、简单的网络中工作得比较好。

由于静态路由协议没有办法对网络拓扑的改变做出反应,所以在大型、易变的网络中一般使用动态路由协议。动态路由协议能根据网络拓扑的变化重新计算路由并发出路由更新信息,这些信息传播到网络上,促使其他路由器重新计算并对路由表做出相应改变。

互联网的规模非常庞大,如果让每个路由器记录下所有网络,路由表将变得非常长,查找一条路由肯定要花费大量的时间和资源,所以互联网采用的是分层次的路由协议。

如图 5-10 所示,互联网将网络划分为许多自治系统(Autonomous System,AS),这样接入互联网的单位可以对外屏蔽本部门的网络细节和路由协议。在进行路由的计算时,首先考虑自治系统,然后再考虑自治系统之间。当自治系统内部的网络拓扑改变时,受影响的仅仅是自治系统内部的路由器,而不会影响其他的自治系统。

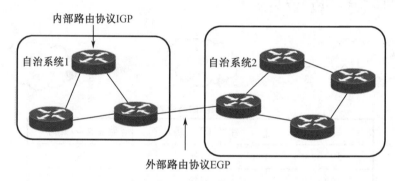

图 5-10　自治系统

5.4.3　内部网关协议

RIP 和 OSPF 是自治域内部使用的路由协议,属于内部网关协议。RIP 是最简单的动态路由协议,采用距离向量算法,路由器根据距离选择路由。RIP 每隔 30 s 向外发送一次报文交换路由信息,如果路由器经过 180 s 没有收到更新报文,则将所有来自其他路由器的路由信息标记为不可达,若在这之后的 120 s 内仍未收到更新报文,则将这些路由从路由表中删除。RIP 使用跳数来衡量到达目的地的距离,大于或等于 16 的跳数被定义为无穷大,即网络不可达。

OSPF 是一种链路状态协议,路由器向同一管理域的所有其他路由器发送链路状态广播信息,内容包括接口信、所有量度等,然后 OSPF 路由器根据收集的路由信息,计算到每个站点的最短路径。OSPF 将自治系统再划分为区,路由选择又分为区内和区间,这样可减少网络开销,增强网络的稳定性,也为网络的管理和维护带来了方便。

5.4.4　外部网关协议

早期较为著名的外部网关协议是 EGP,由于 EGP 限制了网络规模,目前 EGP 已被 BGP(边界网关协议)所代替。

BGP 是一种不同自治系统之间路由器进行通信的外部网关协议。BGP 既不是纯粹的链路状态算法,也不是纯粹的距离向量算法。其主要功能是与其他自治域的 BGP 交换网络可达信息。BGP 在工作时,当有多条路径时会选择最优的路径给自己使用,然后将自己的路由信息通告给相连的路由器,不会转发自治系统中的路由信息,实际应用中得到广泛的应用。

5.5　本 章 实 验

5.5.1　实验一:静态路由配置

1. 实验目的

掌握静态路由的配置,理解路由表的作用。

2. 实验内容

(1)静态路由的配置。

(2)静态路由配置后的网络连通性测试。

3. 实验设备和网络接线

(1)本次实验使用的网络接线图如 5-11 所示,图中有两个思科路由器 2811,它们之间用光纤连接,另外有两台计算机,用交叉线连接路由器。

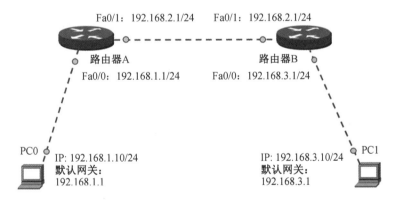

图 5-11　网络接线图

(2)网络已连接,路由器 A 和路由器 B 各接口的 IP 地址已配置并激活,计算机 TCP/IP 参数已配置。

(3)PC0 代表它所在的网络 192.168.1.0,PC1 代表它所在的网络 192.168.3.0。

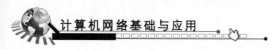

4. 实验步骤

（1）在路由器 A 上配置静态路由

①进入全局配置模式：RouterA（config）#。

②在路由器 A 上进行静态路由配置。

RouterA（config）#ip route 192.168.3.0 255.255.255.0 192.168.2.2

到达目标网络 192.168.3.0，下一跳必须经过的端口 IP 地址为 192.168.2.2，子网掩码为 255.255.255.0。

（2）在路由器 B 上进行静态路由配置

RouterB（config）#ip route 192.168.1.0 255.255.255.0 192.168.2.1

到达目标网络 192.168.1.0，下一跳必须经过的端口 IP 地址为 192.168.2.1，子网掩码为 255.255.255.0。

（3）在网络 192.168.1.0 上进行连通性测试（以 PC0 为例）

ping 192.168.1.1

ping 192.168.2.1

ping 192.168.2.2

ping 192.168.3.1

ping 192.168.3.10

（4）在网络 192.168.3.0 上进行连通性测试（以 PC1 为例）

方法同网络 192.168.1.0。

（5）查看路由表

①在路由器 A 上查看路由表

RouterA#show ip route

这时，可以观察到路由器 A 上的路由表如图 5-12 所示，C 表示直连路由，S 表示静态路由，要到达目的网络 192.168.3.0 必须经过 IP 地址为 192.168.2.2 的接口。

```
RouterA#show ip route
Codes: C - connected, S - static, I - IGRP, R - RIP, M - mobile, B - BGP
       D - EIGRP, EX - EIGRP external, O - OSPF, IA - OSPF inter area
       N1 - OSPF NSSA external type 1, N2 - OSPF NSSA external type 2
       E1 - OSPF external type 1, E2 - OSPF external type 2, E - EGP
       i - IS-IS, L1 - IS-IS level-1, L2 - IS-IS level-2, ia - IS-IS inter area
       * - candidate default, U - per-user static route, o - ODR
       P - periodic downloaded static route

Gateway of last resort is not set

C    192.168.1.0/24 is directly connected, FastEthernet0/0
C    192.168.2.0/24 is directly connected, FastEthernet1/0
S    192.168.3.0/24 [1/0] via 192.168.2.2
```

图 5-12 路由器 A 的静态路由表

②在路由器 B 上查看路由表，方法同路由器 A。

（6）删除静态路由

①在路由器 A 上删除静态路由，并进行连通性测试。

RouterA（config）#no ip route 192.168.3.0 255.255.255.0 192.168.2.2

②删除路由器 B 上的静态路由，并进行连通性测试。

5. 实验分析与讨论

路由器中的路由表，在实现路由选择、数据转发和数据过滤等功能时起什么作用？

5.5.2　实验二：动态路由配置

1. 实验目的

掌握 RIP 动态路由的配置。

2. 实验内容

在路由器 A 和路由器 B 上配置 RIP 路由。

3. 实验设备和网络接线

（1）本实验的接线图如图 5-11 所示。

（2）路由器的端口已被激活，已配置 IP 地址，已配置计算机的 IP 地址。

（3）路由器的路由协议没配置，或已清除。

4. 实验步骤

（1）配置 RIP 路由。

在路由器 A 上进入全局配置模式，执行如下命令：

RouterA（config）#router rip　　　　　　　　//启动 RIP 路由协议

RouterA（config-router）#network 192.168.1.0　　//声明相邻网络

RouterA（config-router）#network 192.168.2.0　　//声明相邻网络

在路由器 B 上进入全局配置模式，配置 RIP 路由，方法同上。

（2）RIP 路由配置成功后，进行连通性测试，方法同实验一。

（3）在特权模式下查看路由器 A 的路由表，如图 5-13 所示。

```
RouterA#show ip route
Codes: C - connected, S - static, I - IGRP, R - RIP, M - mobile, B - BGP
       D - EIGRP, EX - EIGRP external, O - OSPF, IA - OSPF inter area
       N1 - OSPF NSSA external type 1, N2 - OSPF NSSA external type 2
       E1 - OSPF external type 1, E2 - OSPF external type 2, E - EGP
       i - IS-IS, L1 - IS-IS level-1, L2 - IS-IS level-2, ia - IS-IS inter area
       * - candidate default, U - per-user static route, o - ODR
       P - periodic downloaded static route

Gateway of last resort is not set

C    192.168.1.0/24 is directly connected, FastEthernet0/0
C    192.168.2.0/24 is directly connected, FastEthernet1/0
R    192.168.3.0/24 [120/1] via 192.168.2.2, 00:00:05, FastEthernet1/0
```

图 5-13　路由器的 RIP 路由条目

（4）在特权模式下观察路由器 A 正在发出及接收到的路由广播信息，如图 5-14 所示。

```
RouterA#debug ip rip
RIP protocol debugging is on
RouterA#RIP: sending  v1 update to 255.255.255.255 via FastEthernet0/0 (192.168.
1.1)
RIP: build update entries
      network 192.168.2.0 metric 1
      network 192.168.3.0 metric 2
RIP: sending  v1 update to 255.255.255.255 via FastEthernet1/0 (192.168.2.1)
RIP: build update entries
      network 192.168.1.0 metric 1
RIP: received v1 update from 192.168.2.2 on FastEthernet1/0
      192.168.3.0 in 1 hops
```

图 5-14　路由器发出及接收到的路由广播信息

（5）删除 RIP 路由，在路由器上执行如下命令：

Router A（config）# no router rip

5. 实验分析讨论

（1）静态路由的配置与 RIP 动态路由的配置有什么不同？

（2）图 5-15 是 RIP 路由配置成功后的连通性测试，为什么 TTL 值是 126？ ping 命令有什么作用？

```
PC>ping 192.168.3.10

Pinging 192.168.3.10 with 32 bytes of data:

Reply from 192.168.3.10: bytes=32 time=94ms TTL=126
Reply from 192.168.3.10: bytes=32 time=93ms TTL=126
Reply from 192.168.3.10: bytes=32 time=78ms TTL=126
Reply from 192.168.3.10: bytes=32 time=94ms TTL=126

Ping statistics for 192.168.3.10:
    Packets: Sent = 4, Received = 4, Lost = 0 (0% loss),
Approximate round trip times in milli-seconds:
    Minimum = 78ms, Maximum = 94ms, Average = 89ms
```

图 5-15　RIP 路由连通性测试

5.5.3　实验三：单臂路由

1. 实验目的

配置单臂路由，实现不同 VLAN 的计算机进行互相通信。

2. 实验内容

使用路由器的一个物理接口解决多 VLAN 通信的问题。

3. 实验设备和网络接线

（1）本实验的接线图如图 5-16 所示，图中路由器为思科 2811、交换机为思科 2960。

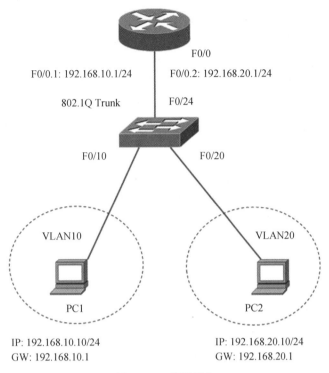

F0/0

F0/0.1: 192.168.10.1/24   F0/0.2: 192.168.20.1/24

802.1Q Trunk   F0/24

F0/10   F0/20

VLAN10   VLAN20

PC1   PC2

IP: 192.168.10.10/24   IP: 192.168.20.10/24
GW: 192.168.10.1   GW: 192.168.20.1

图 5-16   单臂路由

（2）计算机的 TCP/IP 参数已配置。

（3）交换机上已创建 vlan10 和 vlan20。

4. 实验步骤

（1）用直通线连接交换机和路由器。

（2）交换机连接路由器的接口需设置为 Trunk 模式。

Switch(config)#interface fa0/24   //进入接口 fa0/24 的配置模式

Switch(config-if)#switchport mode trunk   //设置接口为 Trunk 模式

（3）路由器端口默认为关闭，需要开启路由器端口 fa0/0。

Router(config)#interface fa0/0

Router(config-if)#no shutdown   //开启接口

Router(config-if)#exit

（4）在路由器子接口配置模式下封装 IEEE 802.1Q 协议，并指明对应的 VLAN 号。

Router(config)#interface fa0/0.1   //进入子接口 fa0/0.1 的配置模式

Router(config-subif)#encapsulation dot1q 10

//配置封装模式为 IEEE 802.1Q，对应 VLAN 号为 10

Router(config-subif)#ip address 192.168.10.1   255.255.255.0

//配置子接口 IP 地址

Router(config-subif)#exit

Router(config)#interface fa0/0.2   //进入子接口 fa0/0.2 的配置模式

Router(config-subif)#encapsulation dot1q 20

//配置封装模式为 IEEE 802.1Q,对应 VLAN 号为 20

Router(config-subif)#ip address 192.168.20.1 255.255.255.0

//配置子接口 IP 地址

Router(config-subif)#exit

(5)测试 VLAN 间连通性并查看路由表。

5. 实验思考与分析

(1)写出本实验交换机和路由器的命令清单。

(2)能利用路由器的多个接口实现 VLAN 间路由吗?

(3)实现 VLAN 主干道封装协议 IEEE 802.1Q 要注意哪些事项?

5.6 本 章 习 题

一、填空题

1. 网络互联的类型有局域网-局域网、_____、广域网-广域网。

2. _____是最简单的物理层连接设备,用来对传送过来的波形进行还原、放大、复制比特流,扩展网络的范围。

3. _____出现使早期的以太网从总线连接变成星形连接,但逻辑上仍是总线形共享网络。

4. 高层互联是指_____层及其以上各层协议不同的网络之间的互联。

5. 路由器的功能包括过滤、存储转发、_____和协议转换等。

6. 常见的内部网关协议有_____和_____,外部网关协议有_____。

二、单选题

1. 下列设备中,_____是在数据链路层实现互联的设备。

A. 网关   B. 中继器   C. 网桥   D. 路由器

2. 如果有多个局域网需要互联,而且要将广播信息隔离开来,最简单的方法是采用( )。

A. 中继器   B. 交换机   C. 网桥   D. 路由器

3. 交换机在局域之间存储和转发数据帧是在_____上实现网络互联的。

A. 物理层   B. 数据链路层   C. 网络层   D. 传输层

4. 下列有关集线器的说法正确的是( )。

A. 利用集线器可将总线网络转换为星形拓扑结构的网络。

B. 集线器只能和工作站相连

C. 集线器只能对信号起传递作用

D. 集线器不能实现网段的隔离

5. 下列叙述中,错误的是(　　)。

A. 中继器可用于协议相同但传输媒体不同的网络之间的连接

B. 网络中若集线器失效,则整个网络处于故障状态

C. 网桥独立于网络层,网桥最高层为数据链路层

D. 中继器具有复制信号、隔离冲突域功能

6. 下列关于物理层互联说法正确的是(　　)。

A. 数据传输速率和链路协议都相同

B. 数据传输速率相同,链路协议不同

C. 数据传输速率可不同,链路协议相同

D. 数据传输速率和链路协议都不同

三、简答题

1. 交换机与集线器有什么不同?

2. 网桥与交换机有什么不同?

3. 路由器与交换机有什么不同?

4. 简述路由器的工作机制。

5. 为什么路由器既能分隔冲突域,又能分隔广播域?

6. 网络互联设备主要有哪些?请简述互联的层次及其基本原理。

7. 二层交换机和三层交换机有什么不同?

8. 路由协议有哪些?

9. 为何路由表只存放网络地址的信息,而不存放网络主机的信息?

第6章 网络服务平台的构建

为开展各种网络业务,企事业单位要构建自己的网络服务平台,给用户提供优质的网络服务。无论是企业网、政务网或者是校园网,网络服务平台一般由三部分构成,分别是服务器硬件、服务器所选择的网络操作系统和服务器上安装的应用服务器软件。

6.1 服务器的选择

服务器指的是网络中能对其他机器提供某些服务的计算机系统。相较普通计算机,服务器指的是高性能计算机,稳定性、安全性要求更高。服务器的高性能体现在高速的运转能力、长时间的可靠运行和强大的数据吞吐能力。服务器主要有以下四个作用。

(1)运行网络操作系统,控制和协调网络中各计算机之间的工作,最大限度地满足用户的要求,并做出响应和处理。

(2)存储和管理网络中的共享资源,如数据库、文件、应用程序、磁盘空间、打印机、绘图仪等。

(3)为各工作站的应用程序服务,如采用 C/S 结构,则服务器不仅作为网络服务器,而且还是应用程序服务器。

(4)对网络活动进行监督及控制,对网络进行实际管理,分配系统资源,了解和调整系统运行状态,关闭/启动某些资源等。

服务器大都采用部件冗余技术、RAID 技术、内存纠错技术和管理软件。高端的服务器采用多处理器、支持双 CPU 以上的对称处理器结构。在选择服务器硬件时,除了考虑档次和具体功能定位外,还需要重点了解服务器的主要参数和特性,包括处理器构架、可扩展性、服务器结构、I/O 能力和故障恢复能力等,可以按多种标准来划分服务器类型。

6.1.1 按外观特点分类

按服务器的机箱结构,可以把服务器划分为塔式服务器、机架式服务器、刀片式服务器、机柜式服务器四类。

1. 塔式服务器

塔式服务器的机箱较大,扩展性和散热性好,常用于通用服务器,其单机价格便宜,性价比高,目前应用最普遍。

2. 机架式服务器

机架式服务器安装在标准的 19 in(英寸,1 in=2.54 cm)机柜里面,根据高度有 1U(1U=1.75 in)、2U、4U 和 6U 等规格。由于机架式服务器空间小,热稳定性要求高,其部件需特别设计,同等配置下比塔式服务器价格贵许多(约 30%),扩展性能亦较差,常用于功能型服务器(如 WEB、远程存储等)。

3. 刀片式服务器

顾名思义,刀片式服务器像刀片一样薄,可根据需要选择是否插入整个服务器系统。刀片式服务器是一种高可用、高密度的低成本服务器平台,专门为特殊应用行业和高密度计算机环境设计。每一块"刀片"实际上就是一块系统主板,配备处理器、内存、硬盘及相关组件——实际上就是一个独立的服务器,可运行自己的系统,服务不同的用户群。"刀片"相互之间没有关联,但可通过系统软件将它们集合成一个服务器集群,提供高速的网络环境。

4. 机柜式服务器

在一些高档企业服务器中,由于内部结构复杂,内部设备较多,有的还具有许多不同的设备单元或几个服务器都放在一个机柜中,这种服务器就是机柜式服务器。机柜式服务器特别适合于证券、银行、邮电等要求采用具有完备的故障自修复能力系统和面临爆炸性的业务增长的重要企业。

6.1.2　按应用层次

服务器根据应用场合的不同和要求,又可以分为入门级、工作组级、部门级和企业级。

1. 入门级

入门级服务器为最低档的服务器,主要用于办公室的文件和打印服务。其通常只有 1个 CPU,可满足中小型网络用户(如办公室间)的文件共享、数据处理、互联网接入及简单的数据库应用,终端数通常小于或等于 20 台,操作系统一般为 Windows 或 Linux。

2. 工作组级

工作组级服务器应用于规模较小的网络,适用于为中小企业提供网络、邮件等服务。通常支持 1~2 个 CPU,可选装 RAID、热插拔硬盘和电源,可满足中型网络用户的文件共享、数据处理、互联网接入及中型的数据库应用,终端数通常小于或等于 50 台,操作系统一般为Windows 或 Linux。

3. 部门级

部门级服务器为中档服务器,适合中型企业的数据中心、Web 网站等应用。其通常支持 2~4 个 CPU,标配热插拔硬盘、热插拔电源、RAID,终端数通常小于或等于 100 台,操作系统一般为 UNIX,机箱较大,通常为机柜式或机架式。

4. 企业级

企业级服务器为高档服务器,具有超强的数据处理能力,适合作为大型网络数据库服务器。其通常支持 4~16 个 CPU 或更多个(有的高达上百个),独立双 PCI 通道和内存扩展板设计,具有高内存带宽、大容量热插拔硬盘和电源,超强数据处理能力,操作系统一般为UNIX,通常用于需要处理大量数据、要求高处理速度和对可靠性要求极高的金融、证券、交通、邮电或大型企业。

6.1.3　按硬件类型

服务器按硬件类型可分为专用服务器和 PC 服务器。

1. 专用服务器

专用服务器是专门用于设计的高级服务器,采用专门的操作系统(如 UNIX、MVS、VMS 等),主要用于数据库服务和互联网业务,一般由专业公司提供全套软硬件系统及全程服务。

2. PC 服务器

PC 服务器以 Intel 或 Motorola 专用处理器为核心构成的服务器,兼容多种网络操作系统和网络应用软件,性能可达到中档 RISC 服务器水平。

6.1.4 服务器常用组件

1. CPU

服务器是网络中的重要设备,要能够承受成千上万人的访问。CPU 的性能是衡量服务器性能的首要指标。服务器的 CPU 按 CPU 的指令系统来区分,通常分为 CISC 型 CPU 和 RISC 型 CPU 两类。

CISC 是英文"Complex Instruction Set Computing"的缩写,中文意思是"复杂指令集",它是指英特尔生产的 x86(intel CPU 的一种命名规范)系列 CPU 及其兼容 CPU(其他厂商如 AMD、VIA 等生产的 CPU),它基于个人电脑体系结构。这种 CPU 一般都是 32 位的结构,所以也把它称为 IA-32 CPU。程序的各条指令按顺序串行执行,控制简单,但机器各部分利用率低,执行速度慢,CPU 制造复杂。CISC 型 CPU 主要有 Intel 的服务器 CPU 和 AMD 的服务器 CPU 两类。

RISC 是英文"Reduced Instruction Set Computing"的缩写,中文意思是"精简指令集"。它是在 CISC 指令系统基础上发展起来的。RISC 型 CPU 不仅精简了指令系统,还采用了一种叫作"超标量和超流水线结构",大大增加了并行处理能力(并行处理是指一台服务器有多个 CPU 同时处理。并行处理能够大大提升服务器的数据处理能力。部门级、企业级的服务器应支持 CPU 并行处理技术)。也就是说,架构在同等频率下,采用 RISC 架构的 CPU 比 CISC 架构的 CPU 性能高很多,这是由 CPU 的技术特征决定的。在中高档服务器中普遍采用这一指令系统的 CPU。RISC 指令系统更加适合高档服务器的操作系统 UNIX,Linux 也属于类似 UNIX 的操作系统。RISC 型 CPU 与 Intel 和 AMD 的 CPU 在软件和硬件上都不兼容。

2. 主板

普通家用计算机的主板更多的要求是在性能和功能上,而服务器主板是专门为满足服务器应用(高稳定性、高性能、高兼容性的环境)而开发的主机板。由于服务器的高运作时间、高运作强度、巨大的数据转换量、电源功耗量、I/O 吞吐量,因此对服务器主板的要求是相当严格的。

(1)服务器主板一般都至少支持两个处理器(往往是双路以上的服务器,单路服务器有时候就是使用台式机主板)。

(2)服务器几乎任何部件都支持 ECC(ECC 是"Error Checking and Correcting"的简写,中文名称是"错误检查和纠正")。

（3）服务器很多地方都存在冗余，高档服务器甚至连 CPU、内存都有冗余；中档服务器硬盘、电源的冗余也是非常常见的；低档服务器往往就是台式机的改装品，应选用一线大厂电源。

（4）由于服务器的网络负载比较大，因此服务器的网卡一般都是使用 TCP/IP 卸载引擎的网卡，效率高、速度快、CPU 占用小，高档台式机已开始使用高档网卡甚至双网卡。

（5）在硬盘方面，越来越多的服务器用 SAS/SCSI 代替 SATA 接口的硬盘（SATA 接口的硬盘又叫串口硬盘）。

3. 硬盘

同普通个人计算机的硬盘相比，服务器的硬盘有如下四个特点。

（1）较速高

服务器使用的硬盘转速高，可以达到每分钟 10 000 转，甚至更高。

（2）可靠性高

因为服务器是 24 小时不停地运转，硬盘如果出了问题，后果不堪设想。各硬盘厂商均采用了各自独有的先进技术来保证数据的安全。为了避免意外的损失，服务器硬盘一般都能承受 $300g \sim 1\,000g$ 的冲击力。

（3）使用 SCSI 接口

多数服务器采用了数据吞吐量大、CPU 占有率极低的 SCSI 硬盘。SCSI 硬盘必须通过 SCSI 接口才能使用，有的服务器主板集成了 SCSI 接口，有的安装了专用的 SCSI 接口卡，一块 SCSI 接口卡可以接 7 个 SCSI 设备，这是 IDE 接口所不能比拟的。

（4）支持热插拔

热插拔（Hot Swap）是一些服务器支持的硬盘安装方式，可以在服务器不停机的情况下，拔出或插入一块硬盘，操作系统自动识别硬盘的改动。这种技术对于 24 h 不间断运行的服务器来说，是非常必要的。

4. 内存

服务器内存的外观与普通内存无明显差别，主要区别在所用技术。分辨服务器内存与普通内存的方法通常是看内存上的字有没有带 ECC 模块。

服务器内存具有普通内存所不具备的高性能、高兼容性和高可靠性，主要有以下几个特点：

（1）Buffer（缓存器），用于加快内存读写速度；

（2）Register（目录寄存器），相当于书的目录，内存接到读写指令时，会先检索此目录，以大大提高内存工作效率；

（3）ECC（指令纠错），检测 2 位错误，并自动纠正任何一位错误；

（4）Chipkill 内存纠错技术，新的内存保护标准，由 IBM 公司开发，同时可检查和修复 4 个错误数据位。

6.2 网络操作系统

网络操作系统(Network Operating System,NOS)除了能实现单机操作系统的全部功能外,还具备管理网络中的共享资源,实现用户通信及方便用户使用网络等功能,是网络的心脏和灵魂。

网络操作系统的目的是传递数据与各种消息,分为服务器及客户端两部分。服务器的主要功能是管理服务器及网络上的各种资源和网络设备的共用,加以统合并控管流量,避免网络瘫痪;客户端能够接收服务器传递来的数据并加以运用,客户端可以清楚地搜索所需的资源。

网络操作系统与单机操作系统有所不同,它除了单机操作系统应具有的处理机管理、存储器管理、设备管理和文件管理外,还具有以下两大功能:

(1)提供高效、可靠的网络通信能力;

(2)提供多种网络服务功能,如远程作业录入并进行处理的服务功能、文件转输服务功能、电子邮件服务功能、远程打印服务功能。

随着网络计算的出现和发展,现代操作系统的主要特征之一就是具有上网功能,因此,除了在 20 世纪 90 年代初期,Novell 公司的 Netware 等系统被称为网络操作系统之外,人们一般不再特指某个操作系统为网络操作系统。目前比较常见的网络操作系统有 NetWare 类、UNIX 类、Linax 类和 Windows 类。

6.2.1 NetWare 类

NetWare 操作系统虽然远不如早几年那么风光,在局域网中早已失去了当年雄霸一方的气势,但是 NetWare 操作系统仍以对网络硬件的要求较低而受到一些设备比较落后的中小型企业特别是学校的青睐。

NetWare 服务器对无盘工作站和游戏的支持较好,常用于教学网。目前,NetWare 操作系统市场占有率呈下降趋势,这部分的市场主要被 Windows NT/2000 和 Linux 系统瓜分。

6.2.2 UNIX 类

UNIX 网络操作系统历史悠久,其良好的网络管理功能已为广大网络用户所接受,拥有丰富的应用软件的支持。目前,常用的 UNIX 系统版本主要有 Unix SUR4.0、HP-UX 11.0 和 Solaris 8.0 等。这种网络操作系统稳定性和安全性能非常好,但由于它多数是以命令方式进行操作的,不容易被掌握。正因如此,小型局域网基本不使用 UNIX 作为网络操作系统,UNIX 一般用于大型的网站或大型的企、事业局域网中。UNIX 是针对小型机主机环境开发的操作系统,是一种集中式分时多用户体系结构。因其体系结构不够合理,UNIX 的市场占有率呈下降趋势。

6.2.3 Linux 类

Linux 内核最初是由李纳斯·托瓦兹(Linus Torvalds)在赫尔辛基大学读书时出于个人

爱好而编写的,当时他觉得教学用的迷你版 UNIX 操作系统 Minix 太难用了,于是决定自己开发一个操作系统。

Linux 是一种新型的网络操作系统,它的最大的特点是源代码开放,可以免费得到许多应用程序。目前已有中文版本的 Linux 系统,如 REDHAT(红帽子)、红旗 Linux 等。Linux 在国内得到了众多用户的充分肯定,主要体现在它的安全性和稳定性方面。Linux 与 UNIX 有许多类似之处,目前这类操作系统仍主要应用于中、高档服务器中。

Linux 与 UNIX 有很多的共通之处,简单地说,如果你已经熟练掌握了 Linux,那么再上手使用 UNIX 会非常容易,但二者也有区别:

(1)UNIX 系统大多是与硬件配套的,无法安装在 x86 服务器和个人计算机上,而 Linux 则可以运行在多种硬件平台上;

(2)UNIX 是商业软件,而 Linux 是开源软件。

6.2.4　Windows 类

微软公司的 Windows 系统不仅在个人操作系统中占有绝对优势,它在网络操作系统中也占据很大份额。这类操作系统在整个局域网配置中是最常见的,但由于它对服务器的硬件要求较高,且稳定性能不是很高,所以微软的网络操作系统一般只用在中低档服务器中,高端服务器通常采用 UNIX、Linux 或 Solaris 等非 Windows 操作系统。

在整个 Windows 网络操作系统中最为成功的还是要算 Windows NT 4.0 这一套系统,它几乎成为中小型企业局域网的标准操作系统:首先它继承了 Windows 家族统一的界面,使用户学习、使用起来更加容易,其次它的功能也的确比较强大,基本上能满足所有中、小型企业的各项网络需求。

2000 年 2 月,微软发布了 Windows Server 2000,它的原名就是 Windows NT 5.0 Server,支持每台机器上最多拥有 4 个处理器,最低支持 128 MB 内存,最高支持 4 GB 内存,在各种功能方面有了很大的提高。

2008 年 2 月,微软发布了 Windows Server 2008。Windows Server 2008 建立在网络和虚拟化技术之上,可以提高基础服务器设备的可靠性和灵活性,提供了新的虚拟化工具、网络资源和增强的安全性,可降低成本,并为一个动态和优化的数据中心提供一个平台。Windows Server 2008 包括一个新的 TCP/IP 协议栈,为 IPv4 和 IPv6 的连通性能提供了支持。

从 Windows Server 2008 R2 开始,Windows Server 不再提供 32 位版本。

6.3 企业常用的服务器软件

在网络操作系统中,应用率最高的是服务器软件。服务器软件采用 C/S 或 B/S 的工作方式,有很多形式的服务器,常用的包括:

(1)Web 服务器,为浏览器提供内容,如 Apache、thttpd、IIS 等。

(2)FTP 服务器,提供文件的下载或上传,如 WU-ftpd、Serv-U、VSFTP 等。

(3)邮件服务器,管理邮件的收发,如 Sendmail、Postfix、Qmail、Microsoft Exchange、Lotus Domino 等。

(4)域名服务器,为用户提供域名到 IP 地址的转换服务。

(5)数据库服务器,如 Oracle 及 MySQL、PostgreSQL、Microsoft SQL Server 等数据库服务器。

(6)文件服务器,提供的服务往往局限于可以登录到操作系统,具有操作系统资源访问权的用户。

6.3.1 Apache Friends 服务器套件

Web 服务器就是具备网站发布功能的服务器。就像我们的文字稿件必须通过出版、印刷才能为广大读者读到一样,我们的网站、电子报也许要在互联网上发布才能被广大网民看到。同样,就像报纸要用印刷机印刷,网站也需要用发布服务软件发布网页。

当前主流的网站发布软件主要有两个:一个是大名鼎鼎的 Apache Server,它的优点是安全、快速,世界上有超过 50%的网站应用此系统作为发布软件;另一个是微软公司的 IIS 系统,它的突出特点是简单易用,但同时针对 IIS 的病毒和黑客攻击也是层出不穷。

Apache 项目组的最显赫之处不在于他们写出的程序有多好,而在于他们所采用的开发模式。这种模式现在被赋予一个时髦的名字:开放源代码。Apache 的模式使任何人都可以在开放源代码的基础上生成一个商品化软件,而不必被迫与他人共享这个成果。

Apache Friends 是一个推广 Apache 服务器的非营利性项目。整合型的 Apache 套件 XAMPP(Apache+MySQL+PHP+PERL)是一个功能强大的建站集成软件包,界面简洁明晰、操作方便快捷。XAMPP 的意思是跨平台(X)、Apache(A)、MySQL(M)、PHP(P)和 Perl(P),使用 XAMPP 进行 Web 开发特别适合初学者。

XAMPP 软件支持不同的版本及语言,可以在 Windows、Linux、Solaris、Mac OS 等多种操作系统下安装使用。XAMPP 安装成功后,其控制面板如图 6-1 所示。

启动 Apache(Web)服务器之后,在浏览器里输入 http://127.0.0.1 或 http//localhsot,如果能访问到如图 6-2 所示界面,则说明 Apache 服务器正常运行。

XAMPP 是一个以 Apache Web Server 为主的服务器套件,它集成了 MySQL Server、FileZilla FTP Server 和 Mercury mail Server 及 PHP、Perl 语言解释器、MySQL 的 Web 客户端等网络应用软件,非常适合初学者构建和实现 PHP 开发环境。

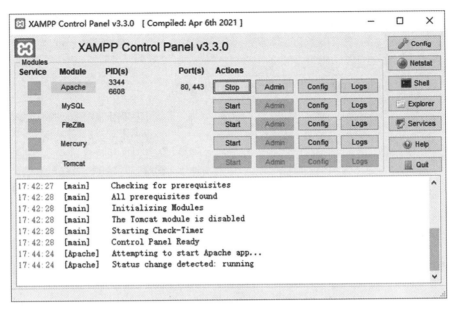

图 6-1　XAMPP 控制面板

图 6-2　Apache 服务器默认页面

在图 6-1 中启动 MySQL 服务,点击 Admin 即可快速进入 phpMyAdmin,利用这个工具,用户能快速完成数据库的建设,如图 6-3 所示。

整合型的 Apache 套件 XAMPP 包括了建设一个实用网站的主要应用软件,也可作为网络教学的基础平台。利用 XAMPP 可以轻松架设企业的常用服务器,为其用户提供丰富的网络应用,包括以下几方面:

(1)利用 Apache Web Server 发布静态网页和动态网页;

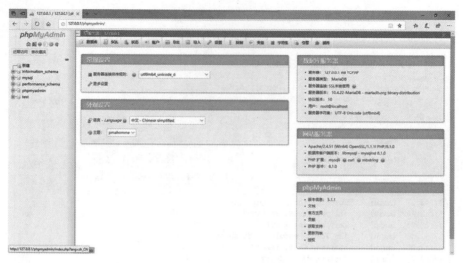

图 6-3 phpMyAdmin

（2）轻松架设邮件服务器，提供 Mail 服务；

（3）提供 FTP 服务，供用户上传和下载。

6.3.2 Mercury 邮件服务器

Mercury 是一个功能十分强大的邮件服务器，支持大部分电子邮件协议。在图 6-1 中的控制面板中单击 Start，然后选择 Admin，出现如图 6-4 的 Mercury 控制台管理界面。本节主要介绍在 Mercury 中添加邮件用户、给 Mercury 控制台加锁，然后通过专用邮件客户端工具如 Foxmail，对邮件服务器进行测试。

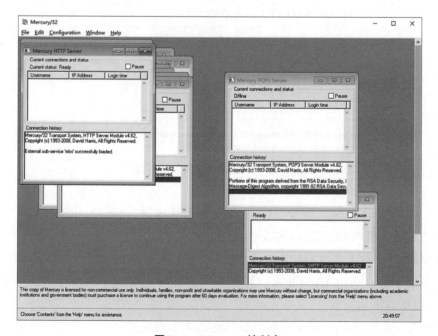

图 6-4 Mercury 控制台

（1）打开 Mercury 控制台的操作界面，可以看到 Mercury 邮件服务器的若干线程，包含 SMTP 和 POP 服务程序。

（2）在 Mercury 上添加电子邮件用户，可以选择【Configuration】→【Manger local users】进入系统，如图 6-5 所示。

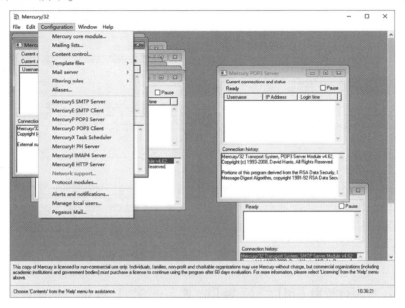

图 6-5　Mercury 设置菜单

（3）在 Mercury 服务器中添加/注新用户的过程如图 6-6 所示。这里添加两个用户 stu1 和 stu2，为方便后面测试，密码都是 123456。

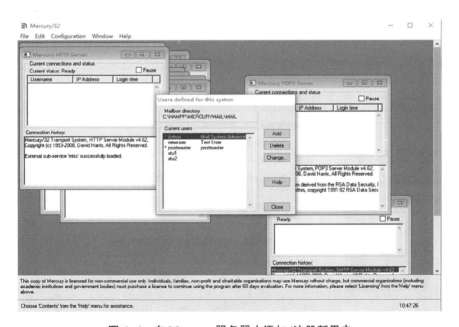

图 6-6　在 Mercury 服务器中添加/注册新用户

（4）考虑到安全因素,需要为 Mercury 控制台加锁,防止有人未经授权随意在邮件服务器上添加或者删除用户,如图 6-7 所示。

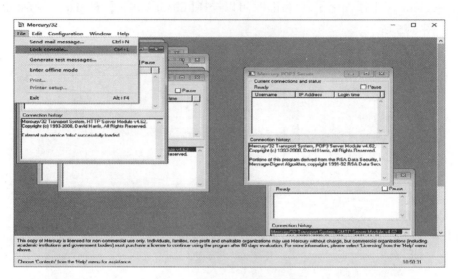

图 6-7　Mercury 控制台加锁

在 Mercury 控制台添加了用户之后,使用邮件客户端工具 Foxmail 对邮件进行测试。

（1）在硬盘上建立 stu1 和 stu2 两个文件夹,用以存放 stu1@ localhost 和 stu2@ localhost 两个邮箱的邮件。

（2）安装 Foxmail 客户端工具,添加第一个用户 stu1@ localhost,Foxmail 必须添加第一个用户之后才可以使用,如图 6-8 所示。然后选择下一步,设置邮箱 stu1@ localhost 的邮箱 SMTP 服务器和 POP 服务器地址。因为在进行测试,所以两项都填写 localhost 或 127.0.0.1,如图 6-9 所示。

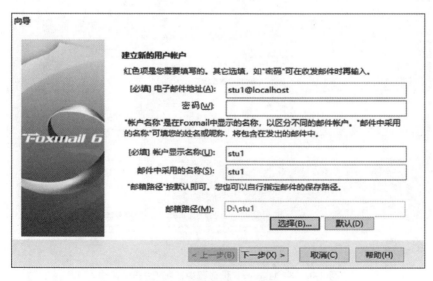

图 6-8　添加第一个用户

图 6-9 设置 SMTP 和 POP 服务器地址

（3）第一个用户配置完毕后，启动 Foxmail，如图 6-10 所示。选择【邮箱】→【新建邮箱账户】，如上述步骤（2）添加第二个邮箱 stu2@ localhost。

图 6-10 添加第二个用户

（4）选中邮箱 stu1，选择工具栏上的撰写给第二个邮箱 stu2@ localhost 写一个电子邮件，如图 6-11 所示。

图 6-11 写邮件

(5)选中邮箱 stu2,点击工具栏上的收取,如果收到来自 stu1@localhost 上的邮件,则表明 Mercury 邮件服务器正常工作,如图 6-12 所示。

图 6-12 邮件收取

6.3.3　FileZilla FTP 服务器的配置

Apache friends 提供了一个功能相对简单的 FTP 服务器——FileZilla。在图 6-1 中点击 Start 启动 FTP 服务,单击 Admin,进入 FTP 服务器管理界面,如图 6-13 所示。

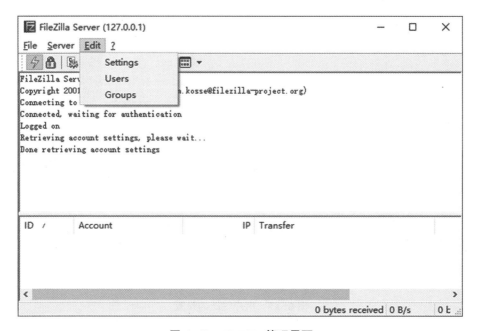

图 6-13　FileZilla 管理界面

在图 6-13 中选择【Edit】→Users,添加 anonymous 用户,如图 6-14 所示。

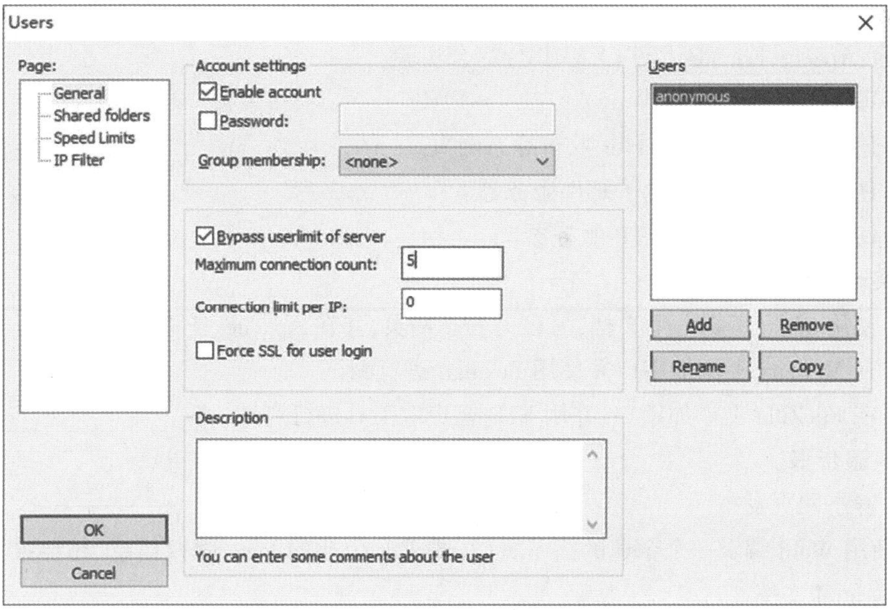

图 6-14　在 FileZilla 中添加用户

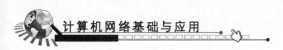

然后,可以对 anonymous 用户共享的文件夹、上传下载的速度、禁止使用的 IP、文件和目录权限等指标进行设置,如图 6-15 所示。

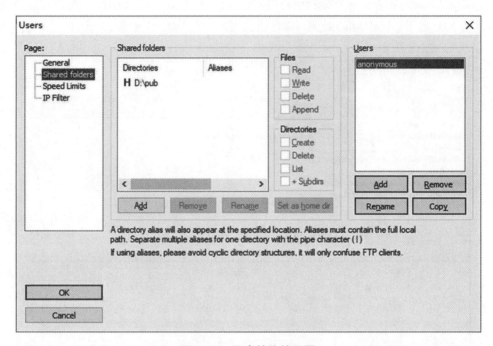

图 6-15　用户性能的设置

至此,已完成 FileZilla 服务器的配置,它可以支持任何 FTP 客户端。

6.4　本章实验

实验:Apache Friends 套件(XAMPP)综合实验。

1. 实验目的

(1)使用 Apache Web Server 发布静态网页。

(2)使用 Mercury 架设电子邮件服务器。

(3)使用 FileZilla 架设 FTP 服务器。

2. 实验内容

(1)使用 Word 编辑一个文档,另存为静态网页,并在 Apache 上发布。

(2)在 Mercury 上添加用户并使用 Foxmail 进行测试。

(3)在 FileZilla 上添加用户,并用 FTP 客户端工具进行测试。

3. 实验步骤

(1)静态网页发布

①使用 Word 编辑一个企业的简单页面,要求有企业的 logo、版权信息、超链接等内容,并另存为 html 文件。

②将网页保存到 xampp\htdocs 文件夹中,启动 Apache 服务器,并使用浏览器访问。

（2）Mercury 电子邮件服务器架设

①在 Mercury 上增设两个账号,如 zs01,zs02(学生姓名拼音首字母)。

②使用 Foxmail 收发电子邮件,加以测试和验证。

（3）FileZilla FTP 服务器架设

①在 FileZilla 上添加 anonymous 用户,只允许下载,并禁止使用 192.168.0. * 。

②在 FileZilla 上添加 upload 用户,允许上传文件和创建文件夹。

4. 实验结果分析

（1）给出实验结果服务器和客户端的截图。

（2）如果要将 Web 服务的端口改为 1080,应如向设置?

（3）请在客户端用 netstat-an 观察一下 Web 服务的情况,并以此为例介绍一下互联网中两台主机的通信机制。

6.5　本章习题

1. Windows NT 系列的操作系统有哪些主要版本? 目前,Windows Server 发展到什么版本?

2. 什么是发布目录? 请以 FTP 和 Web 服务器的实例进行说明。

3. 机架式服务器和刀片式服务器有什么区别? 分别应用在什么场合?

4. Apache Friends 包含了哪些服务器程序和重要的应用软件? 其主要用途是什么?

5. IIS 与 Apache 有哪些不同?

6. XAMPP 各字母分别代表什么意思? 通过对 Apache Friends 的安装和测试,你有什么体会?

7. 服务器一般包括哪些组件?

8. 在 XAMPP 中,Mercury 和 Foxmail 分别充当什么角色?

9. Linux 操作系统和 UNIX 操作系统有什么不同?

10. 专用服务器和个人服务器有什么不同?

第7章 网页设计与编程

1990 年,欧洲原子物理研究所的科学家发明了 WWW(World Wide Web)。通过 Web,用户可以在一个网页里直观地表示出互联网上的资源。Web 使用超文本标记语言(Hyper Text Markup Language,HTML)作为网上信息发布用的母语,它能被所有的计算机理解。Web 系统是指具有一定功能,以网站、APP 等形式呈现的系统,目前已得到普遍应用。

7.1 概　　述

WWW 最大的特点是超链接,另外一个吸引人的原因是它的交互性。常见的网页分静态网页和动态网页两种。

7.1.1 静态网页与动态网页

静态网页,其内容用 HTML 编写,网页内容一经发布到 Web 服务器上,无论是否有用户访问,网页的内容都保存在 Web 服务器上。用户直接从 Web 服务器上下载,由浏览器进行解析并显示,如图 7-1 所示。

图 7-1　传统 Web 应用程序

动态网页,其内容用 ASP、JSP、PHP 编写,这些程序驻留在 Web 服务器上。这些程序在用户访问时根据输入的参数和环境因素运行,其运行的结果生成 HTML 文档后再发送到客户端浏览器。

在动态网页这类传统的 Web 应用程序中,数据存储和数据处理都由服务器端脚本(ASP、JSP、PHP)完成。客户端的 HTML 语言只负责显示数据,没有数据处理能力。数据通常要发送到服务器进行检查和校验,十分浪费网络的带宽,延长系统的响应时间。

7.1.2 前端、后端

Web 系统中,前端是指以网页形式呈现的部分,后端是指进行数据存取、与数据库交互的部分。前端的技术基础是 HTML、CSS、JS,主要用于设置页面结构、页面布局、页面元素大小及位置等;后端主要是使用 ASP、JSP、PHP 等技术进行数据操作和逻辑处理。

7.1.3　HTML5 简介

随着硬件技术的发展和移动网络的出现,基于网页形式的 Web 应用也层出不穷,HTML5 作为新一代 Web 开发技术得到越来越多开发者的关注。在 HTML5 出现之前,使用 HTML4 打造桌面应用是不可能的,HTML5 新增了一系列数据存储和数据处理的功能,颠覆了传统 Web 应用程序的工作模式。HTML5 的出现对于 Web 前端开发有着极为重要的意义。基于 HTML5 的开发可以很方便地构建类似客户端软件的网页版 APP,可以访问摄像头和磁盘系统等设备,将原本桌面应用软件开发所擅长的领域带到 Web 开发领域。

虽然 HTML5 的开发标准还没最终确定,但在移动互联网迅猛发展的今天,HTML5 在前端开发这一领域已占有一席之地,已成为 Web 应用开发的重要平台。

7.1.4　Web 前端开发技术

Web 前端开发通常用到三大基础技术:HTML、CSS、JavaScript。

①HTML(HyperText Markup Language,超文本标记语言)用于设定网页结构,可用于文字、板块、图片等内容构建。

②CSS(Cascarding Style Sheet,层叠样式表)用于设定网页样式,主要完成页面元素的样式和网页布局。CSS 对 HTML 构建好的网页进行美式设计,从而呈现在读者的眼前。

③JavaScript 简称 JS,是由 Netscape 公司开发的一种客户端脚本语言,它能够设定网页行为,用于完成用户与网页的互动。例如在网页上滑动鼠标、点击鼠标右键会触发不同的交互动作。

7.2　开发工具和服务器环境

在基于 HTML5 的 Web 应用中,搭建服务器是运行 Web 应用的前提。搭建服务器有多种方法,这里推荐开源服务器软件 XAMPP,它具有 Linux 和 Windows 版本,适用于搭建多种服务器环境,其搭建过程可参考第 6 章。XAMPP 可以在中文官网 http://www.xampp.cc 下载。

Web 前端开发有多种工具,主要有 Sublime Text、HBuilder、WebStorm 等。

7.2.1　Sublime Text

Sublime Text 工具非常轻巧,使用简单,适用于简单程序或是小型项目的管理,是一个跨平台的源代码编辑器。Sublime Text 编写 HTML+CSS 非常方便,但没有代码智能提示和补全功能,如果遇到复杂的 JavaScript 代码,就会显得力不从心。

7.2.2　HBuilder

HBuilder 是一个专注于 HTML/CSS/JavaScript 的 IDE(集成开发环境)工具。HBuilder

为开发人员提供了语法提示、调试、打包部署等多项功能,比较适合于编写移动App,同时内置了非常齐全的语法浏览器兼容库。

7.2.3　WebStorm

WebStorm 是 JetBrains 公司旗下的一款 JavaScript 开发工具,被一些使用者誉为"Web 前端开发神器"和"最强大的 HTML5 编辑器"。它与 IntelliJ IDEA 同源,继承了 IntelliJ IDEA 强大的 JS 部分的功能。

7.3　HTML5

7.3.1　HTML 语言概述

HTML 即超文本标记语言,是用来描述网页结构的一种标准语言。"超文本"是指通过超链接的形式,将文本有机地组织在一起;"标记"是指用一些预先定义好的标签来描述网页的标题、段落、图片、超链接等内容。

HTML 规定了一组由尖括号组成的能够提供各种功能的标签,通过不同的标签来构建页面。HTML 的第一个官方版本是由 IETF(因特网工程任务组)推出的 HTML2.0,此后 W3C 取代 IETF,成为 HTML 标准制定的机构,并于 1999 年推出 HTML4.0,得到普遍的认可和应用。

此后,W3C 又推出了 XHTML1 和 XHTML2,但 XHTML2 不再兼容之前的 HTML 版本,这对于 Web 开发者和浏览器制造商来说是不可接受的,所以 XHTML2 迅速走向没落。W3C 于 2009 年终止了 XHTML2,并推出了一种新规范——HTML5。

【例 7-1】　一个简单的 HTML4 页面。

```
<html>
<head>
<title>欢迎光临韩山师院的主页</title>
</head>
<body>
<h1>欢迎来到韩山师范学院,热烈欢迎</h1>
</body>
</html>
```

其中<html>、<title>、<h1>都是标签,它们都是成对出现的。<html>表示超文本文档的开始,<title>表示标题,<h1>表示一级标题,标签名按照规范全部小写。

7.3.2　HTML5 文件结构

HTML 文件有着固定的基本结构,包括头部和主体两部分,下面看一个简单的 HTML5 文件代码。

【例7-2】 一个简单的 HTML5 页面。

```
<! DOCTYPE html>
<html lang="en">
<head>
<meta charset="utf-8">
<title>HTML5</title>
<body>
<p>这是一个 H5 测试页</p>
</body>
</head>
</html>
```

①<! DOCTYPE html>

这个标签是文档类型声明标签,用于告知浏览器所查看的文件类型。

②<html lang="en">

这个标签表示 HTML 文档开始,属性 lang 用于规定 HTML 页面元素内容的语言。

③<head>

这个标签表示 HTML 文档元数据的开始,其包含的元数据包括<title>、<meta>、<link>、<script>。

④<meta charset="utf-8">

这个标签表示 HTML 文档所用的字符编码。

⑤<title>页面标题</title>

这个标签用于设置 HTML 文档标题,即网页左上角显示的标题。

⑥</head>

这个标签表示 HTML 文档的元数据结束。

⑦<body>

这个标签表示 HTML 文档主体内容的开始。

⑧<p>段落内容</p>

这个标签用于定义段落。

⑨</body>

这个标签表示 HTML 文档主体内容的结束。

⑩</html>

这个标签表示 HTML 文档的结束。

7.3.3 HTML5 网页结构

一个网页的结构通常会被划分为几个区域,包括页眉、页脚、内容、边栏等部分,如图 7-2 所示。

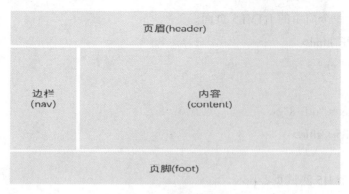

图 7-2 网页结构

1. div 标签

div 标签用于划分区域,其本身没有特定的含义,可以通过 id 属性或 class 属性定义一个名字来区分这个区域。

【例 7-3】 用 div 标签设置一个简单的页面结构。

```
<! DOCTYPE html>
<html lang = "en">
<head>
<meta charset = "utf-8">
<title>div 划分区域</title>
<body>
<div id = "header">网站标题(页眉)</div>
<div id = "nav">
<ul>
<li>菜单 1</li>
<li>菜单 2</li>
</ul>
</div>
<div id = "content">
<p>这是正文内容</p>
</div>
<div id = "footer">网页标题</div>
</body>
</html>
```

2. 语义化结构标签

由于 div 本身没有具体含义,HTML5 提供了专门用于实现页面结构功能的标签。常用的结构功能标签包括如下几个:

①header:用于定义页面中的标题区域。

②nav：用于定义页面中的导航菜单区域。

③footer：页脚。

④main：页面主要内容。

⑤aside：侧栏，如文章的组链接、广告等。

⑥article：可以独自被外部引用的内容，一般带有标题，如文章、博客等。

⑦section：用于一段主题性的内容，一般带有标题，如一个章节、片段等。

【例 7-4】 一个用语义化标签设置的页面基本结构。

```
<! DOCTYPE html>
<html lang="en">
<head>
<meta charset="utf-8">
<title>语义化标签设置的页面</title>
</head>
<body>
<header>网站标题（页眉）</header>
<div id="nav">
<aside>菜单 1</aside>
<aside>菜单 2</aside>
</div>
<main>
<article>文章 1</article>
<article>文章 2</article>
</main>
<footer>页脚</footer>
</body>
</html>
```

7.4 HTML 常用标签

HTML 元素指的是从开始标签到结束标签的所有代码。标签通常由开始标签与结束标签成对组成，标签名代表特定含义，标签与里面的内容构成元素。标签由属性来描述它的特征，属性可以有多个，用空格分开，属性书写的先后顺序不影响其含义，如图 7-3 所示。

图 7-3 标签

7.4.1 文本

1. 标题 h1~h6

HTML 提供 6 级标题,其标签是 h1~h6,默认每级都是加粗显示,如图 7-4 所示。

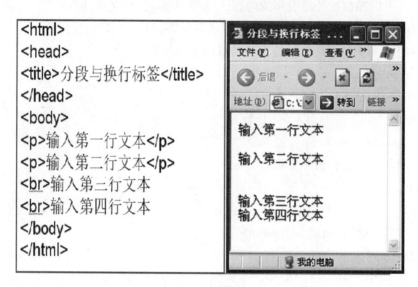

图 7-4 标题 h1~h6

2. 分段与换行

p 标签将文字划分成为一个段落,每段结束自动换行;br 标签则用于换行。分段与换行如图 7-5 所示。

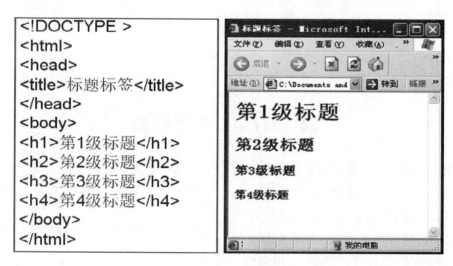

图 7-5 分段与换行

3. 水平分割线

<hr/>会显示为一条水平分割线,线条样式不可设置。

①使用绝对长度,网页中的对象不会随浏览器的视窗变化。

<hr width="400"><!--绝对长度-->

②使用相对长度来描述,则对象会随浏览器窗口大小变化而变化。

<hr width="50%"><!--相对长度-->

4. 强调标签 strong、em

strong 表示重要的文本,em 表示强调。strong 内的文本通常粗体显示,em 默认为斜体。

5. 块标签 div 与 span

div 标签称为区隔标记,其作用是设定字、画、表格等的摆放位置。div 标签可以把文档分割为独立的、不同的部分。span 标签是行内标签,用来组合文档中的行内元素,也就是一行内可以被划分成好几个区域,从而实现某种特定效果。div 标签对文本所在整行起作用,span 标签只对文本所在区域起作用,如图 7-6 所示。

```
<div id=mydiv style="background:yellow">1、韩山师范学院</div>
<span id=mydiv style="background:yellow">2、韩山师范学院</span>
```

图 7-6 div 与 span

6. 注释

HTML 代码可以使用<!--和-->进行注释,注释里面的内容不会显示在网页上。

7.4.2 超链接

互联网最大的特点就是超链接。超链接的载体可以是文字、图片等内容,格式如下:

<a href="跳转的目标位置">文本或图像</a>

1. 跳转到外部网站

单击"韩山师院",可以跳转到 http://www.hstc.edu.cn,代码如下:

<a href="http://www.hstc.edu.cn">韩山师院</a>

2. 跳转到本网站的另一个页面

如果站点文件夹有两个网页 first.html 和 second.html 位于同一文件夹里,如图 7-7 所示,在 first.html 单击第二页,则可以跳转到 second.html,代码如下:

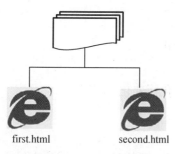

图7-7 站点文件夹

`<a href="second.html">第二页</a>`

3. 跳转到当前页面的特定位置

若当前网页的内容比较多,超过一个窗口的可显示范围,则可以定义跳转到当前页面的特定位置。首先需要在页面的特定位置定义锚点,并用 id 属性为锚点命名,然后设置 href 属性为"#锚点名字"。例如可以在页面最上方,定义锚点名为 top 的锚点,然后在页面的底部设置一个超链接,单击"返回顶部",可以跳转到页面最上方设定锚点的位置,代码如下。

`<p id="top">跳转到当前页面的特定位置</p><!--页面顶部,设置锚点-->`

……

`<p><a href="#top">返回顶部</a></p><!--跳转到锚点-->`

4. 虚拟超链接

当跳转位置暂时不确定时,可以采用虚拟超链接,代码如下:

`<a href="#">韩山师院</a>`

此时超链接文字会出现下划线,但是单击不会进行跳转。

7.4.3 图像、音频、视频

1. img 标签

在网页中插入图片一般使用 img 标签,格式如下:

`<img src="图片位置+文件名" alt="替换文字"/>`

例如在网页中插入名为 picture.jpg 的图片文件,网页文件与图片在同一文件夹里,效果如图7-8(a)所示;如果此时图片与网页文件不在同一个文件夹,则效果如图7-8(b)所示,显示 alt 设置的文本,代码如下:

`<img src="picture.jpg" alt="蒲公英花地"/>`

(a) 网页文件与图片文件在同一文件夹的效果

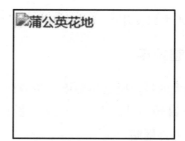

(b) 网页文件与图片文件不在同一文件夹的效果

图7-8 img 标签的页面效果

在 img 标签中,src 属性用于设置引用图片的位置,这个位置可以是 URL、绝对地址或者相对地址。

如果引用其他服务器上的资源,一般用 URL 表示,例如:

<img src="http://www.hstc.edu.cn/img/picture.jpg"/>

如果引用网页所在服务器上的资源,可用绝对路径,也可用相对路径表示。例如下面的代码用的就是绝对地址:

<img src="c:\img\picture.jpg"/>

如果网页文件 index.html 与图片文件 picture.jpg 位置如图 7-9(a)所示,则可用相对路径,在 index.html 中插入图片,代码如下。

<img src="img/picture.jpg"/>

其中,img/picture.jpg 表示在当前目录下的 img 文件夹中可以找到 picture.jpg 图片。

如果网页文件 index.html 与图片文件 picture.jpg 位置如图 7-9(b)所示,要在 index.html 中使用相对路径插入图片,代码如下。

<img src="../img/picture.jpg"/>

其中,.. 表示上一级文件夹。

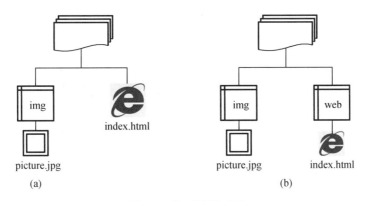

图 7-9　相对地址示例

2. 音频

audio 标签被用来直接插入音频文件,格式如下:

<audio src="音频文件" controls="controls" loop="loop"></audio>

其中,src 的取值由音频文件位置和文件名构成,controls 属性可选,取值"controls"表示显示控制条;loop 属性可选,取值"loop"表示循环。

3. 视频

video 标签被用来插入视频文件,格式如下:

<video src="视频文件" controls="controls" loop="loop" width="视频窗口宽度"></video>

其中,width 属性用于设定视频窗口宽度,高度可以省略。

7.4.4　列表、表格

1. 列表

列表分为无序列表、有序列表。无序列表中的每个列表项无明确先后顺序,有序列表

中的每个列表项有明确先后顺序。

（1）无序列表

无序列表由 UL 标签构成，每个列表项由 LI 表示，如图 7-10 所示。

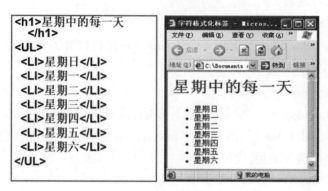

图 7-10　无序列表

（2）有序列表

有序列表由 OL 构成，每个列表项由 LI 表示，如图 7-11 所示。

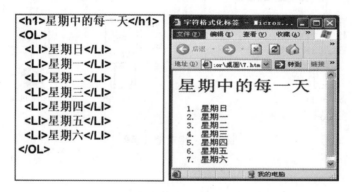

图 7-11　有序列表

2. 表格

表格可由标题、表头、表体、表尾构成。表格按行（标签为 \<tr\>）存储，行由单元格组成，单元格分数据单元格（标签为 \<tr\>）和表头单元格（标签为 \<tr\>），表头单元格默认加粗显示。

【例 7-5】　一个简单的表格。

<!DOCTYPE html>

\<html\>

\<head\>

\<meta charset＝" utf-8" \>

\<title\> 表格\</title\>

```
</head>
<table border=1>
<caption>学生名单</caption><!--标题-->
<thead>                  <!--表头-->
<tr>                     <!--行-->
    <th>姓名</th>         <!--表头单元格-->
    <th>学号</th>
</tr>
</thead>
<tbody>                  <!--表体-->
<tr>                     <!--行-->
        <td>张三</td>       <!--数据单元格-->
        <td>2020125101</td>
</tr>
<tr>
        <td>李四</td>
        <td>2020125102</td>
</tr>
</tbody>
<tfoot>                  <!--表尾-->
<tr>
        <td>合计</td>
        <td>2 人</td>
</tr>
</tfoot>
</table>
</html>
```

7.5　CSS 的基本使用

CSS 称作样式表，是一种对 Web 文档添加样式的简单机制。采用 CSS 技术可以有效地对页面的布局、字体、颜色、背景和其他效果实现更加精确的控制，还可以设置位置、特殊效果、鼠标滑过等 HTML 属性。CSS 不仅可以控制单个文档中的文本格式，还可以控制多个文档的格式，通过修改样式，可以自动快速更新所有采用该样式的文字格式。当用户需要管理一个非常大的网站时，这会体现出非常巨大的优势。

CSS3 是 CSS 技术的升级版，且朝着模块化方向发展。CSS3 中的模块包括选择器、盒式模型、背景和边框、文字特效、2D/3D 动画效果、多栏布局和用户界面等。CSS 的语法形式为

选择器｛属性 1:值 1;属性 2:值 2;…｝

7.5.1　CSS 的引入方式

1. 行内式

行内式是通过标签的 style 属性设置元素的样式,其基本语法格式如下:

<标签名 style="属性 1:值 1;属性 2:值 2;…">内容</标签名>

2. 内嵌式

内嵌式是将 CSS 代码集中写在 HTML 文档中的<head>头部标签中,并且用<style>标签定义,其基本语法格式如下:

<style>

选择器｛属性 1:值 1;属性 2:值 2;…｝

</style>

3. 链接式

链接式是将所有的样式放在一个或多个以".css"为扩展名的外部样式表文件中,通过<link>标签将外部样式表文件链接到 HTML 文档中,其语法格式如下:

<link href="CSS 文件路径" type="text/css" rel="stylesheet">

<link>标签有三个属性,其具体作用如下:

·href:定义链接外部样式表文件的 URL,可以采用相对路径,也可以采用绝对路径。

·type:定义所链接的文档类型,"text/css"表示链接的外部文件为 CSS 样式表。

·rel:定义当前文档与被链接文档之间的关系,stylesheet 表示被链接的文档是一个样式表文件。

7.5.2　选择器

在 CSS 中,选择器的作用就是从 HTML 页面中找出特定的某类元素,然后将样式表与网页元素进行绑定。CSS3 提供了更加丰富的选择器,使选择器的功能更加强大。表 7-1 中列举了常用的基本选择器。

表 7-1　基本选择器

选择器	用法	示例代码	描述
通用选择器	*	*｛｝	选择所有元素
标签选择器	元素名称	a｛｝、body｛｝、p｛｝	根据标签选择元素
类选择器	.类名	.nav｛｝	根据 class 的值选择元素
id 选择器	#id 值	#main｛｝	根据 id 的值选择元素
属性选择器	［<条件>］	［attr="val"］｛｝	根据属性选择元素

除此之外,CSS 中还有两种特殊的选择器:伪元素选择器和伪类选择器,可以根据需要

选择使用。

7.5.3 盒子模型

盒子模型是 CCS 中的一个重要概念,每个 HTML 元素都可以看作是一个装了东西的盒子(矩形区域)。盒子模型由 margin(外边距)、padding(内边距)、border(边框)、content(内容)四个属性构成。

图 7-12 展示了盒子模型的基本结构,外边距、内边距为组合属性,可以有多种书写模式,效果是一致的。

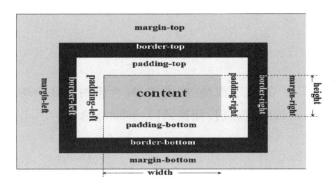

图 7-12 盒子模型

· 四个参数(顺时针):上、右、下、左。

· 三个参数:上、左右、下。

· 两个参数:上下、左右。

· 一个参数:所有四边都一样。

例如:

/* 设置上边矩为 50px、右边矩为 25px、下边矩为 75px、左边矩为 100px */

margin:50px 25px 75px 100px;

/* 设置上下边矩为 50px、左右边矩为 25px */

margin:50px 25px;

【例7-6】 一个简单的 div 盒子模型。

```
<!DOCTYPE html>
<html lang="en">
<head>
<meta charset="utf-8">
<title>盒子模型</title>
<style>
  .div{
      background-color:#eee;
```

```
        width:300px;
        height:200px;
        margin-top:50px;/*设置上外边距的值为50px*/
        border:2px dotted #000;/*设置边框为2px、黑色、虚线*/
        padding:20px;/*设置padding的值为20px*/
    }
</style>
<body>
<div class="div">盒子模型</div>
</body>
</head>
</html>
```

上述代码定义了一个 div 盒子模型,并设置 div 元素的宽度和高度分别为 200px 和 300px,在谷歌浏览器右键选择【检查】,切换到【Elements】选项卡,可以看到 div 元素的样式,如图 7-13 所示。

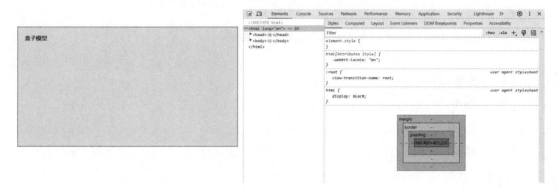

图 7-13   div 元素的样式

7.5.4 浮动与定位

网页是由多个元素构成的。CSS 布局一般利用<div>标记将页面整体分为若干个盒子,而后对各个盒子进行定位。默认情况下,盒子可分为块内元素和行内元素。块内元素(如<div>、<p>)独占一行,自上而下排列,行内元素(如<span>、<a>)自左向右排列。在实际的网页布局中,非常有必要改变这种单调的排列方式,从而使网页内容变得更加丰富多彩。CSS 的浮动和定位完美地解决了这一问题。

1. 浮动

CSS 允许任何元素浮动,无论是列表、段落还是图像,不论元素先前是什么状态,浮动后都成为块内元素。浮动元素的宽度默认为 auto。CSS 的浮动可以通过 float 属性设置,float 的常用属性值如表 7-2 所示。

表 7-2　**float** 的常用属性值

属性值	描述
left	元素向左浮动
right	元素向右浮动
none	元素不浮动(默认)

2. 定位

在网页开发过程中,使用定位属性可以精确控制盒子的位置。定位方式的常用属性值如表 7-3 所示。

表 7-3　定位方式的常用属性值

属性值	描述
static	静态定位(默认)
relative	相对定位,相对其原本应显示位置的偏移量进行定位
absolute	绝对定位,相对于静态定位以外的第一个上级元素进行定位
fixed	固定定位,相对于浏览器窗口进行定位

3. z-index 层叠等级属性

当一个父元素中的多个子元素同时被定位时,定位元素之间有可能会发生重叠。HTML 中引入了 z-index 属性来表示 z 轴的深度。z-index 值可以控制定位元素在垂直于显示屏方向(z 轴)上的堆叠顺序,发生重叠时值大的元素会在值小的元素上面,z-index 的取值一般为正整数、负整数和 0。

7.6　DIV+CSS 网页布局

在设计网页之前,首先要对网页布局有一个总体思路,然后就可以用盒子模型对网页进行划分。当然可以在设计过程中临时改变,这正是 DIV+CSS 布局更为合理灵活之所在。

下面通过一个实例来学习如何使用 DIV+CSS 的方法完成一个简单的网页布局,其代码如下,效果如图 7-14 所示。

【例 7-7】　一个简单的网页。

```
<!DOCTYPE html>
<html>
<head>
<meta charset="utf-8"/>
<title>web 页面结构</title>
<link rel="stylesheet" href="web.css" type="text/css"/>
```

```
</head>
<body>
<div id="header"><h1>web 前端教室</h1>
</div>
<div id="nav">
  <ul>
    <li>第 1 章  第 1 个 web 页面</li>
    <li>第 2 章  简单布局</li>
    <li>第 3 章  导航菜单</li>
    <li>第 4 章  表格</li>
    <li>第 5 章  表单</li>
    <li>第 6 章  复杂布局</li>
    <li>第 7 章 创建打印样式</li>
    <li>第 8 章 网站重构</li>
    <li>第 9 章 设计你自己的网站  </li>
  </ul>
</div>
<div id="content"><p>这是《wed 前端技术》一书的配套网站,为读者提供了配套的资源</p></div>
<div id="footer">
  关于我们  |  联系我们  | 版权声明  |  隐私声明</div>
</body>
</html>
```

图 7-14　效果图 1

网页的效果如图 7-15 所示,显然这是按照图 7-15 的网页,将网页分为页眉、边栏、内容、页脚四部分。

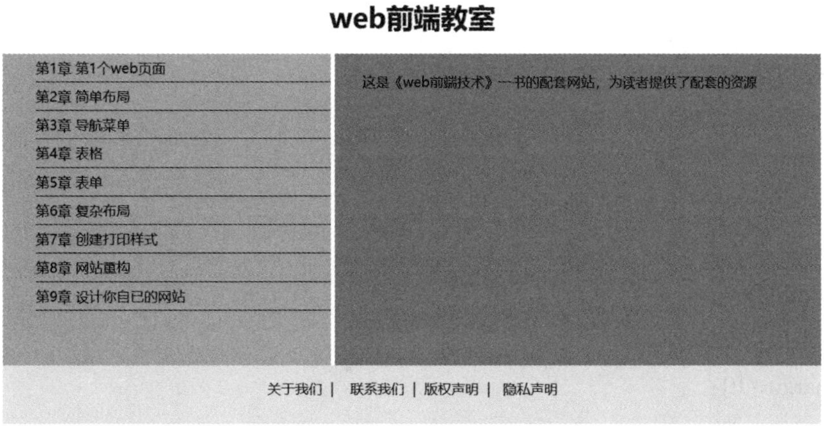

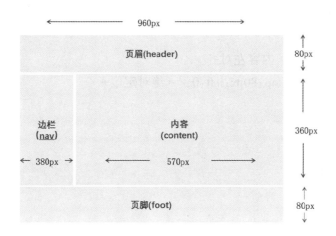

图 7-15　效果图 2

要完成图 7-15 的效果,首先要规划好页面各个区域的具体尺寸,然后把这个页面的样式表写在 web. css 文件当中,在代码中用<link rel＝"stylesheet" href＝"web. css" type＝"text/css"/>加以调用。

根据图 7-16 页面区域规划完成样式表 web. css,具体代码如下所示。

图 7-16　页面区域规划

【例 7-8】　一个页面规划样式表。

```
@ charset "utf-8";
body{
    margin:0;/*清除外边距*/
    padding:0;/*清除内边距*/
}
```

```
h1{text-align:center;/*内容居中*/}
p{
        text-indent:2em;/*文本缩进2个字符*/}
ul{
        list-style-type:none;/*消除项目符号*/}
li{
    line-height:200%;
    border-bottom:1px solid black;}
#header{
        width:960px;
        height:70px
        margin:10;
        padding:0;
        background:#eee
        position:absolute;top:0;left:0;/*绝对定位*/
}
#nav{
        width:380px;
        height:350px;
        margin:10;
        background:#ccc;
        text-align:left;/*内容左对齐*/
        position:absolute;top:80px;left:0;/*绝对定位*/
}
#content{
        width:570px;
        height:350px;
        font-size:150;
        margin:0;
        padding:0;
        background:#aaa;
        text-align:left;
        position:absolute;top:80px;left:390px;/*绝对定位*/
}
#footer{
        width:960px;
        height:80px;
```

```
text-indent:0;/*将行首缩进设为0字符*/
margin:0;
padding:0;
background:#eee;
text-align:center;/*内容居中*/
position:absolute;top:440px;left:0;/*绝对定位*/
}
```

7.7　本 章 实 验

1. 实验目的

(1)学会在 XAMPP 环境中发布动态网页。

(2)学会创建数据库和数据表。

2. 实验内容

(1)使用 phpMyAdmin 创建数库和数据表。

(2)编写 PHP 程序连接数据库,并把数据表在网页上打印出来。

3. 实验步骤

(1)启动 Apache 服务器和 MySql 服务器,在 MySql 服务器上创建数据库 mydb 并创建数据表 user。数据表 user 见表 7-4。

表 7-4　数据表 user

ID	name	age
20221251	张三	18
20221252	李四	20
20221252	王五	19

(2)编写 php 程序 db. php 并把它发布到 xampp\htdocs 目录下,代码如下:

```
<?
mysqlconnect('localhost','root','');/*连接 MySql 数据库,用户名为 root,密码为空*/
$result=@mysqldbquery("mydb","select * from user");
/*连接数据库 mydb,查询表 user 的所有字段,并将结果放至变量 result 中*/
echo '<table border="1">';/*打印表 user 的表头*/
echo "<tr>";
    echo "<td>ID</td>";
    echo "<td>name</td>";
    echo "<td>age</td>";
```

```
echo "</tr>";
```

while($ row = mysqlfetcharray($ result))

/＊本函数将查询结果拆到数组变量 row 中。若 result 变量没有数据,则返回 false ＊/

```
{
    echo "<tr>";
    echo '<td>'. $ row["ID"].'</td>';
    echo '<td>'. $ row["name"].'</td>';
    echo '<td>'. $ row["age"].'</td>';
    echo "</tr>";
}
echo "</table>";
? >
```

(3)在客户端访问 db.php,看是否可以在网页上打印 user 表。

4.实验思考

(1)动态网页与静态网页有什么不同?

(2)动态网页这类传统的 Web 应用程序有什么缺点?

7.8 本 章 习 题

1.什么是静态网页? 什么是动态网页?

2.HTML5 为什么能在前端开发领域占有一席之地,成为 Web 应用开发的重要平台?

3.HTML5 文件结构与 HTML4 文件结构有什么不同?

4.盒子模型由哪几部分构成?

5.什么是 CSS? CSS 在网页编程中有什么作用?

6.用 DIV+CSS 的方法实现网页布局有什么优势?

第8章 网络操作系统

8.1 网络操作系统概述

操作系统分为单机操作系统和网络操作系统。网络操作系统是向网络计算机提供服务的特殊操作系统,可增加网络操作所需要的能力。从网络管理者的角度来看,网络操作系统可以提供一个良好的网络管理平台,达到管理网络的目的,让整个网络系统有条不紊地工作。从用户的角度来看,网络操作系统可以通过网络向用户提供各种网络服务,如数据共享、设备共享和异地实时通信等。网络操作系统是用户和计算机网络的接口,它是一种具有单机操作和网络管理双重功能的系统软件。

UNIX 是最早期的网络操作系统,是为了适应第一代网络的需要而开发的。NetWare 系统是 Novell 公司推出的一款网络操作系统,它最重要的特征是基于基本模块设计的开放式系统结构。Linux 是一套免费使用和自由传播的网络操作系统,它主要基于 Intel x86 系列 CPU 的计算机。Windows NT 是微软公司推出的网络操作系统,它面向工作站、网络服务器和大型计算机,也可以作为个人计算机的操作系统。Windows Server 包括 4 个版本,即 Windows Server Web 版、Windows Server 标准版、Windows Server 企业版、Windows Server 数据中心版,每一个版本都有各自不同的功能,可根据组建网络的实际需要选择相应的版本。目前,市场最流行的两大服务器网络操作系统是 Linux 和 Windows 系列。

8.2 VMware 和网络模式

学习网络操作系统最重要的是必须具备网络环境,使用虚拟机软件可以完美地解决这个问题。虚拟机软件可以在一台计算机上模拟出若干台计算机——虚拟计算机,每台虚拟计算机可以运行单独的操作系统且互不干扰,即可以实现一台计算机"同时"运行多个操作系统。目前,个人计算机上常用的虚拟机软件为 VMware Workstation 简称 VMware 和 Virtual PC。

在 VMware 环境中,物理机和虚拟机可以通过虚拟的网络连接进行通信,从而实现一个虚拟的网络实验环境。VMware 提供了桥接、NAT(网络地址转换)和仅主机 3 种网络模式,分别对应的虚拟网卡为 VMnet0、VMnet8 和 VMnet1。

1. 桥接模式

物理机和虚拟机同时连接到一个局域网,如图 8-1 所示,构建一个 C/S 模式的最简单实验环境,学生离开实验室之后,可以利用台式机或笔记本电脑构建桥接环境,本书后续实验都采用桥接模式。

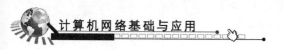
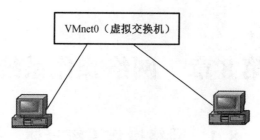

图 8-1 桥接模式

2. NAT 模式

NAT 是 VMware 默认使用的网络模式,该模式只要物理机可以访问网络,虚拟机就可访问网络。

3. 仅主机模式

仅主机模式与 NAT 模式相似,但在网络中没有虚拟 NAT,因此只有物理机能够上网,虚拟机无法上网。

8.3 安装 Windows Server 2012 R2

为不影响物理机的使用,本节将在 VMware 中安装 Windows Server 2012 R2,因此安装前需先安装 VMware,并获取 Windows Server 2012 R2 镜像文件。

1. 安装 VMWare

本书使用 VMware Workstation 搭建虚拟机环境。根据创建虚拟机向导创建虚拟机,具体流程见图 8-2 至图 8-4。

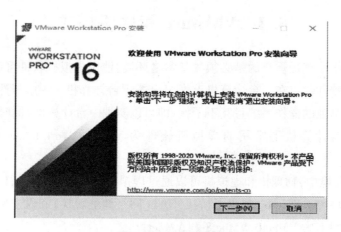

图 8-2 安装主界面

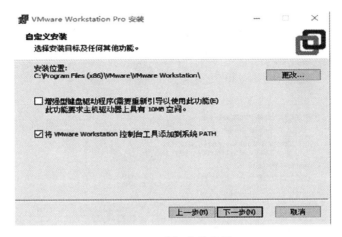

图 8-3　选择安装目录

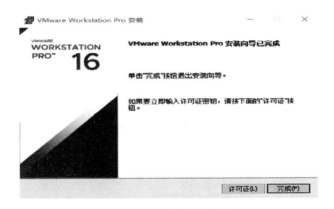

图 8-4　完成软件安装

2. 安装 Windows Server 2012

打开 VMware 16 软件,在"文件"菜单中选择"新建虚拟机",根据新建虚拟机向导,设置虚拟机名称和位置,如图 8-5 所示,单击"下一步",进入"安装客户机操作系统"窗口,在窗口中选择"安装程序光盘映像文件(iso)",单击"浏览",在文件中找到已经下载好的"Windows Server 2012"映像文件,如图 8-6 所示。

在"简易安装信息"窗口中输入"Windows 产品密钥"并设置密码,如图 8-7 所示。在"指定磁盘容量"窗口中设置虚拟机的磁盘容量,如图 8-8 所示。在"已准备好创建虚拟机"窗口中可查看虚拟机的具体设置,如图 8-9 所示,在"已准备好创建虚拟机"窗口中勾选"创建后开启此虚拟机",单击"完成"按钮后会自动开启虚拟机。随后就进入"Windows 安装程序"界面同,选择要安装的"Windows Server 2012 Standard(带有 GUI 的服务器)",接下来就进入系统的安装。安装需要一定的时间,请耐心等待,安装过程如图 8-10 所示。安装成功后的界面如图 8-11 所示。

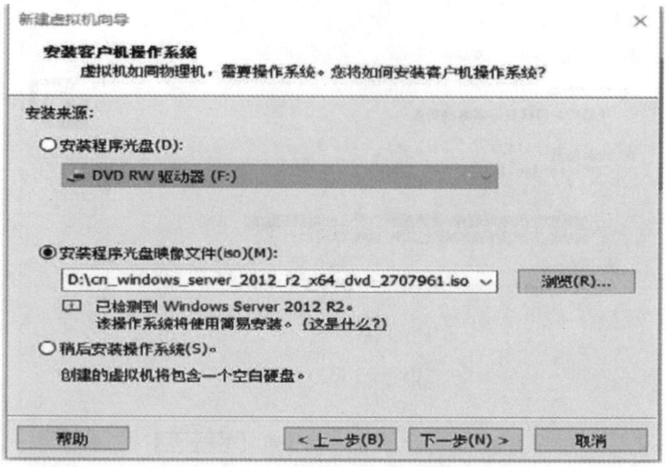

图 8-5　新建虚拟机向导

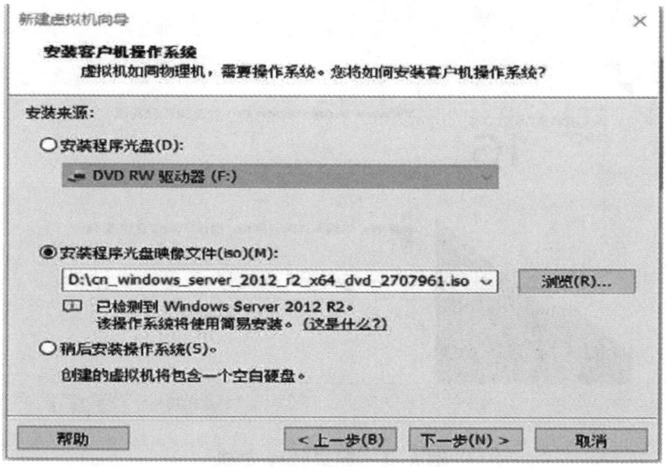

图 8-6　安装操作系统

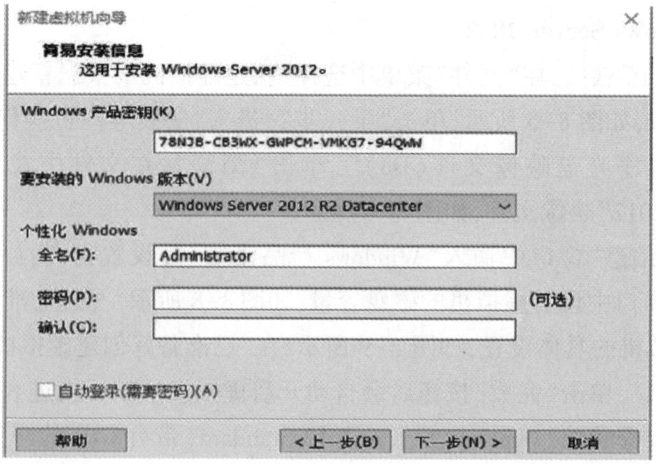

图 8-7　简易安装信息

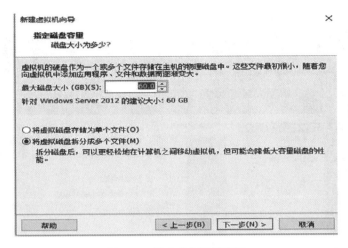

图 8-8　指定磁盘容量窗口

图 8-9　已准备好创建虚拟机窗口

图 8-10　正在安装 Windows

图 8-11　Windows 安装成功

8.4　用户和用户组管理

Windows Server 2012 是一个多用户操作系统,系统安装后默认有两个用户,即 admin 和 Administrator,这两个用户都是系统管理员,具有对系统进行操作的所有权限。若非管理员用户要使用系统,可通过系统管理员账号创建新用户。新用户创建过程如下。

首先使用系统管理员账号登录系统后,单击桌面左下角的开始按钮,选择"管理工具",打开管理工具目录,在目录中选择"计算机管理",如图 8-12 所示。在"计算机管理"窗口中选择"系统工具"中的"本地用户和组"选项,在中间单击"用户"选项,在右边窗口选择"更多操作",如图 8-13 所示,就可以新建用户。最后,可以在"新用户"窗口中设置用户名和密码,如图 8-14 所示。

用户新建完成后,可以将新用户添加到指定用户组,操作如下:在图 8-12"计算机管理"窗口中选中"本地用户和组"中的"组",可观察到系统中已有的用户组,在图 8-15 所示界面中可以查看已有的用户组和用户组描述信息。例如想给新用户 stu001 添加打印机权限,可双击"Print Operations",打开其属性窗口,点击"添加"按钮,在"选择用户"窗口中输入用户名 stu001,如图 8-16 所示,单击右侧的"检查名称"按钮,若用户名存在,输入框会补全用户名路径之后用户 stu001 就添加到 Print Operations 组中,并获取到打印机权限。

图 8-12　计算机管理

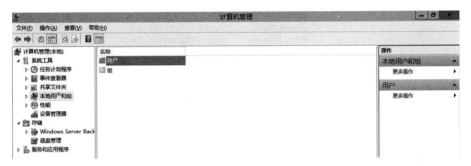

图 8-13　本地用户和组

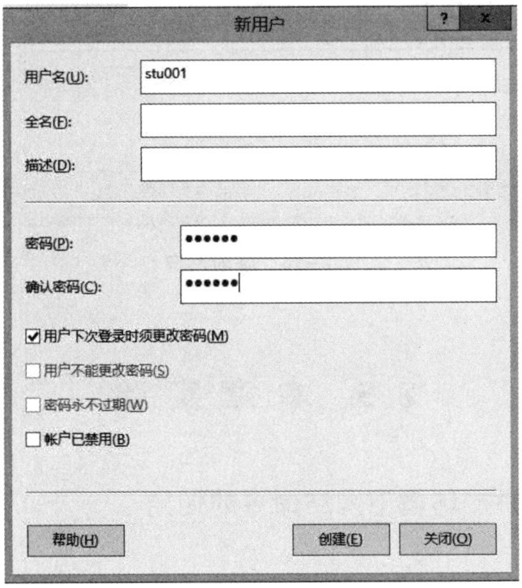

图 8-14　新建用户

图 8-15　查看用户组

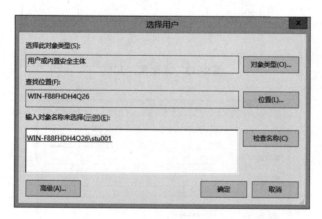

图 8-16　添加用户

8.5　本章实验

8.5.1　实验一:桥接环境下网络命令的使用

1. 实验目的

构建桥接环境,并使用 ping 等网络命令进行检测。

2. 实验环境

使用 VMnet0 构建桥接环境,物理机 win10 的 IP 地址设置为 192.168.1.10/24,虚拟机的 IP 地址设置为 192.168.1.100/24。

3. 实验内容

(1)构建桥接的网络实验环境。

（2）使用 ping 命令测试物理机和虚拟机之间能否联通。

（3）在桥接环境下，学会使用 ipconfig、arp、netsat 等常见网络命令。

4. 实验步骤

（1）打开虚拟机软件，点击编辑，选择虚拟网络编辑器，设置桥接模式，如图 8-17 所示。

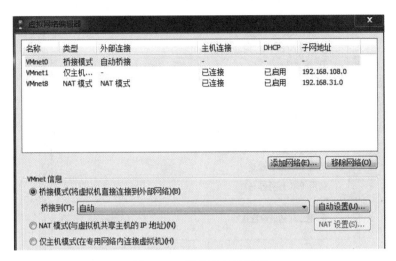

图 8-17　桥接模式的设置

（2）如图 8-18 和图 8-19 所示，给物理机和虚拟机设置 TCP/IP 参数，关闭防火墙后测试物理机和虚拟机之间能否 ping 得通。

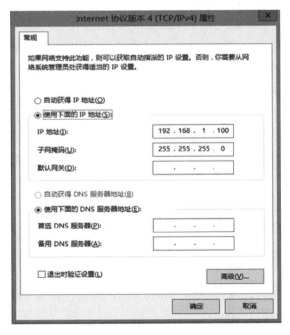

图 8-18　虚拟机 TCP/IP 参数

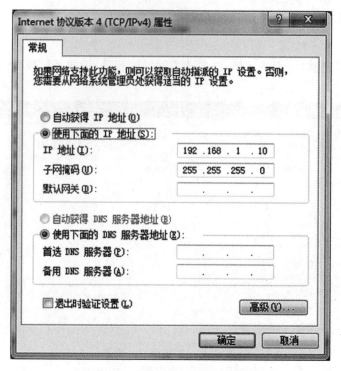

图 8-19　物理机 TCP/IP 参数

（3）使用 ipconfig 实用程序显示物理机和虚拟机的 TCP/IP 配置的设置值。这些信息一般用来检验人工配置的 TCP/IP 设置是否正确。

（4）ARP 是 TCP/IP 协议族中的一个重要协议，用于确定对应 IP 地址的网卡物理地址。使用 arp 命令能够查看本地计算机或另一台计算机的 ARP 高速缓存中的当前内容。

（5）使用 netstat 命令用于显示与 IP、TCP、UDP 和 ICMP 协议相关的统计数据，包括 TCP 连接、TCP、UDP 监听及进程内存管理的相关报告，一般用于检验本机各端口的网络连接情况。

5. 实验思考

为什么要构建桥接的实验环境，这对学习计算机网络有什么好处？

8.5.2　实验二：共享文件和目录

1. 实验目的

掌握 Windows Server 2012 系统中共享目录和文件的办法。

2. 实验环境

使用 VMnet0 构建桥接环境，物理机 win10 的 IP 地址设置为 192.168.1.10/24，虚拟机的 IP 地址设置为 192.168.1.100/24。

3. 实验内容

（1）共享资源

如图 8-20 所示,使用系统管理员账户登录系统,从"这台电脑"找到 C 盘的"用户"目录,右键选择其中的"共享"→"高级共享"如图 8-21 所示。打开"高级共享"窗口,在图 8-22 中勾选"共享此文件夹",将共享的用户数量限制为 100,共享名称改为 share。

图 8-20　选择"高级共享"操作

图 8-21　用户属性窗口

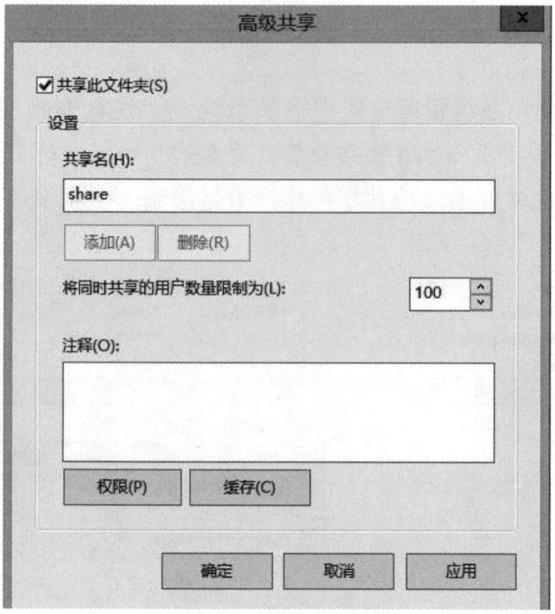

图 8-22 高级共享窗口

在图 8-22 中点击权限,打开图 8-23 权限设置窗口,将权限设为读取。单击确定返回用户属性窗口,完成目录的共享设置,如图 8-24 所示。

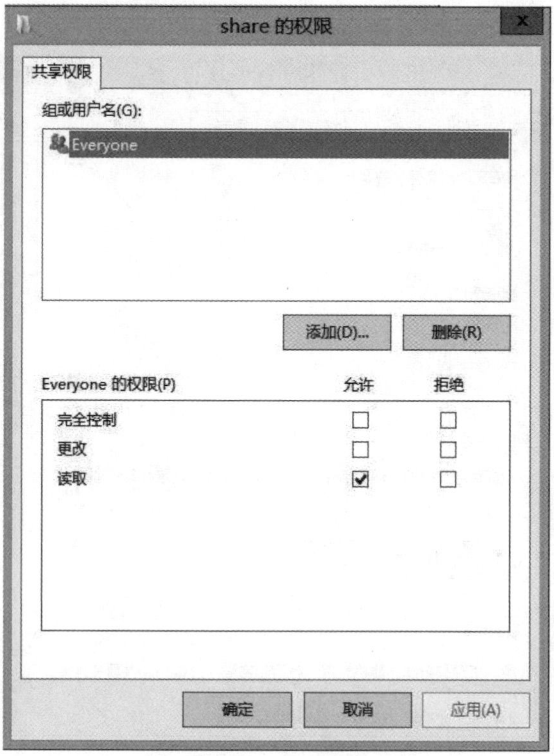

图 8-23 权限设置窗口

图8-24 共享设置窗口

（2）访问共享资源

下面在物理机访问共享资源。通常有以下两种办法：

①根据图8-24的网络路径，点击桌面左下角的"开始"→"运行"，输入\\WIN-U43IDTCU4NL\share，打开 Windows Server 2012 共享资源。

②在物理机浏览器输入\\192.168.1.100 打开共享资源，如图8-25所示。

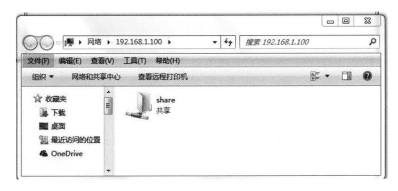

图8-25 Windows Server 2012 共享资源

4. 实验总结

总结实验过程中遇到的问题。

8.6　本章习题

1. 网络操作系统有哪些功能？

2. 列出主流的网络操作系统，它们有什么特点？

3. VMware 支持什么网络模式？

4. 简单介绍一下 VMware 桥接环境的工作原理。

5. 使用 VMware 构建的虚拟机和物理机有哪些区别？

6. 使用 VMware 可以构建多个虚拟机吗？这些虚拟机是否可以安装不同的操作系统？

第9章　网络服务器的安装、配置与管理

本章主要介绍 Windows Server 网络操作系统中常用服务器 IIS、DNS、FTP 的原理，以及它们的安装、配置与管理等。

9.1　DNS 服务器的安装

DNS(Domain Name System,域名系统)作为域名和 IP 地址相互映射的一个分布式数据库,能够使互联网用户使用域名更方便地访问互联网。互联网上的计算机之间的通信是通过 IP 地址进行的,因此互联网上的计算机以 IP 地址作为唯一标识。然而,记住一串数字远比一个名字难得多,因此人们研发了 DNS 系统,使互联网上任何地方的主机都可以通过比较友好的名字(不是 IP 地址)找到另一台计算机。

Windows Server 2012 系统中没有安装 DNS 服务器,下面介绍如何在 Windows Server 2012 中安装 DNS 服务。打开"服务器管理器"窗口,如图 9-1 所示,单击右边"添加角色和功能",打开"添加角色和功能向导"窗口,如图 9-2 所示。

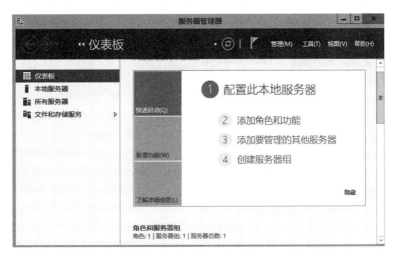

图 9-1　服务器管理器

单击"下一步",进入"选择安装类型"窗口,选择"基于角色或基于功能的安装",如图 9-3 所示。单击"下一步"进入"选择目标服务器"窗口,选择"从服务器池中选择服务器",如图 9-4 所示,WIN-IVKQMJF42H6 为虚拟主机名。点击"下一步",进入"选择服务器角色"窗口,在"角色"中选择"DNS 服务器",会弹出询问窗口,单击"添加功能",进入"选择服务器角色"窗口,如图 9-5 所示,可以在该窗口选择要安装的功能,也可以默认设置,单击

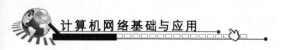

下一步,在确认窗口确认配置信息,如图9-6所示,单击安装,出现确认安装DNS服务界面,如图9-7所示,单击"安装",安装成功后页面会出现如图9-8的界面。

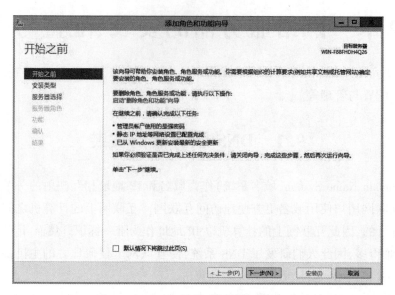

图9-2　添加角色和功能向导

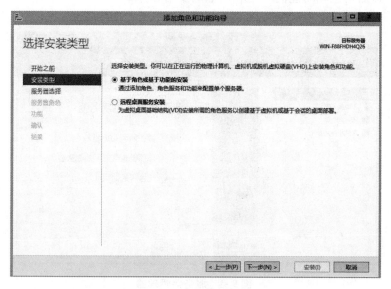

图9-3　角色选择类型

至此,DNS服务器安装完毕,返回"服务器管理器"窗口,在左侧窗格中可看到"DNS"选项,如图9-9所示。如要使虚拟机Windows Server 2012具备域名解析功能,详见本章实验二。

图 9-4   选择目标服务器

图 9-5   选择服务器角色

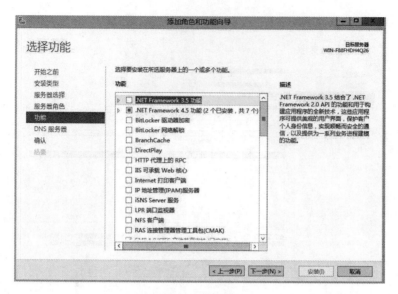

图 9-6　选择功能

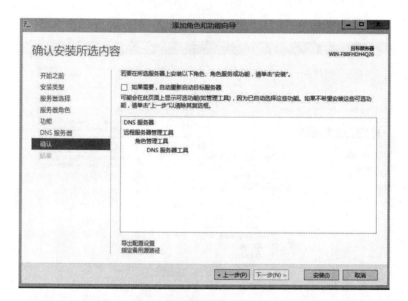

图 9-7　确认安装 DNS 服务

图 9-8　DNS 服务安装完成

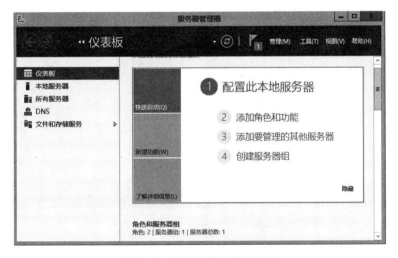

图 9-9　服务器管理器（DNS）

9.2　Web 服务器(IIS)的安装

　　IIS(Internet Information Services,互联网信息服务)是由微软公司提供的基于运行 Microsoft Windows 的互联网基本服务。IIS 是一种 Web(网页)服务组件,包括 Web 服务器、FTP 服务器、NNTP 服务器和 SMTP 服务器,分别用于网页浏览、文件传输、新闻服务和邮件发送等方面。

　　默认情况下,Windows Server 2012 并没安装 IIS,可以通过"服务器管理器"中的"添加角色"向导进行安装,其安装过程和 DNS 服务器的安装类似。打开服务器管理器,如图 9-1 所示,选择添加角色与功能,打开"添加角色和功能向导"窗口,选择"Web 服务器(IIS)",如图 9-10 所示。单击"下一步",在"添加角色和功能向导"窗口,单击"添加功能",如图 9-11 所示。

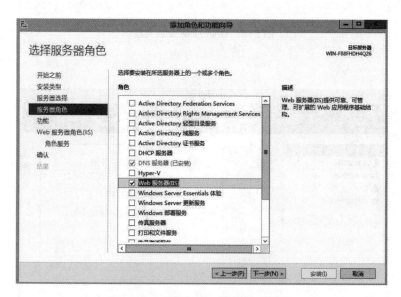

图 9-10　选择"Web 服务器(IIS)"

　　在图 9-12 中的角色服务列表选择需要安装的项目,如果不知道选哪些,建议全部勾选它(FTP 服务器除外)。安装前确认所勾选的安装组件,进入图 9-13 界面,单击"下一步",如图 9-14 所示。

　　在图 9-14 中单击"安装"按钮,安装成功后如图 9-15 所示,单击"关闭"结束安装。IIS 安装成功后,会出现如图 9-16 的界面。

　　IIS 安装成功之后,打开浏览器,在地址栏中输入"localhost",可看到 IIS 安装成功的默认界面,如图 9-17 所示。

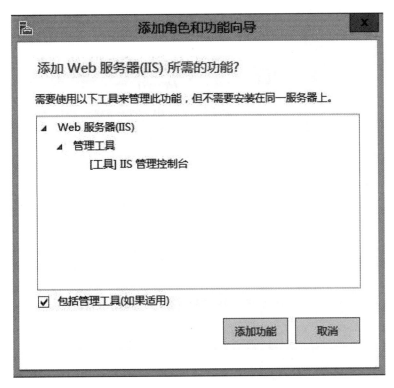

图 9-11 添加角色和功能向导

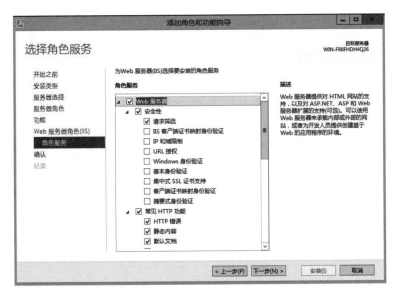

图 9-12 角色服务选择

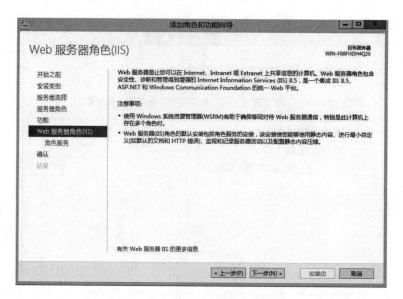

图 9-13　Web 服务器角色(IIS)

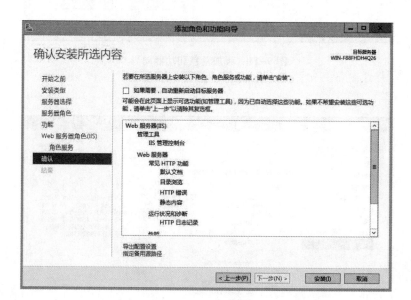

图 9-14　Web 服务器(IIS)确认

图 9-15　Web 服务器(IIS)安装成功

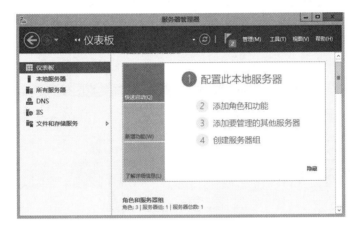

图 9-16　服务器管理器(IIS)

图 9-17　IIS 默认页面

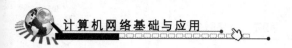
9.3 FTP 服 务 器

FTP 是互联网上常见的应用,是用来传送文件的协议。在 FTP 协议的控制下,可以在 FTP 服务器上进行文件的上传或下载等操作。同常见的互联网应用一样,FTP 也是采用 C/S 模式进行工作的。

9.3.1 安装 FTP 服务器

打开"服务器管理器"窗口,如图 9-1 所示,单击右边"添加角色和功能",打开"添加角色和功能向导"窗口,如图 9-2 所示,单击"下一步",进入"选择安装类型",选择"基于角色或基于功能的安装",如图 9-3 所示,单击"下一步"进入"选择目标服务器"窗口,选择"从服务器池中选择服务器",如图 9-4 所示,WIN-IVKQMJF42H6 为虚拟主机名。在"选择服务器角色",打开"Web 服务器(IIS)"的折叠项,勾选"FTP 服务器",如图 9-18 所示。在图 9-19 中单击"下一步"开始安装 FTP 服务器,当出现如图 9-20 所示界面时,说明 FTP 服务器安装成功。

图 9-18 选择 FTP 服务器

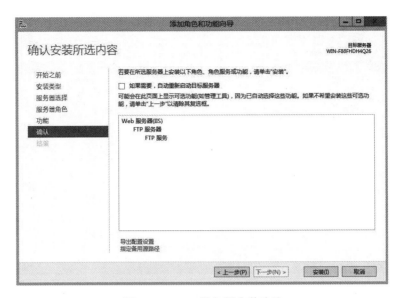

图 9-19 FTP 服务器安装确认

图 9-20 FTP 服务器安装成功

9.3.2 配置 FTP 服务器

FTP 服务器安装完成后,可以在虚拟机 Windows Server 2012 上架设 FTP 服务器,所有的匿名用户都可以访问。如前所述,常见的 FTP 客户端软件有命令行 FTP、CuteFTP、浏览器等。

在图 9-16 中打开服务器管理器,选择 IIS 管理器,打开图 9-21 窗口,选择添加 FTP 站点。

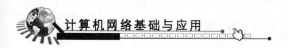
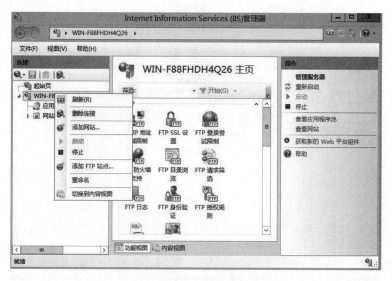

图 9-21 IIS 管理器

在"添加 FTP 站点"窗口中,输入 FTP 站点名称和物理路径,如图 9-22 所示,然后,单击"下一步",设置 FTP 站点的绑定信息和 SLL,如图 9-23 所示,可以看到 FTP 服务的常用端口是 21,FTP 服务器的 IP 地址设置为 192.168.1.100。

图 9-22 添加 FTP 站点

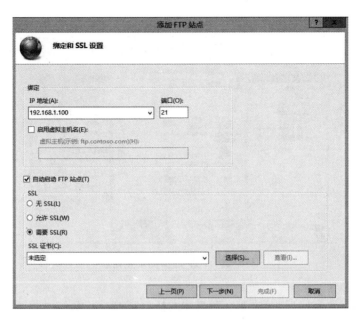

图 9-23　绑定和 SSL 设置

单击"下一步"按钮，进入"身份验证和授权信息"窗口，在该窗口配置验证身份的方式，并为用户授权；配置使用匿名用户，授予匿名用户读取权限，如图 9-24 所示。配置完成后，FTP 站点的网站属性、绑定信息、物理路径、身份验证、授权规则、目录浏览等属性可在图 9-25 中进行设置。

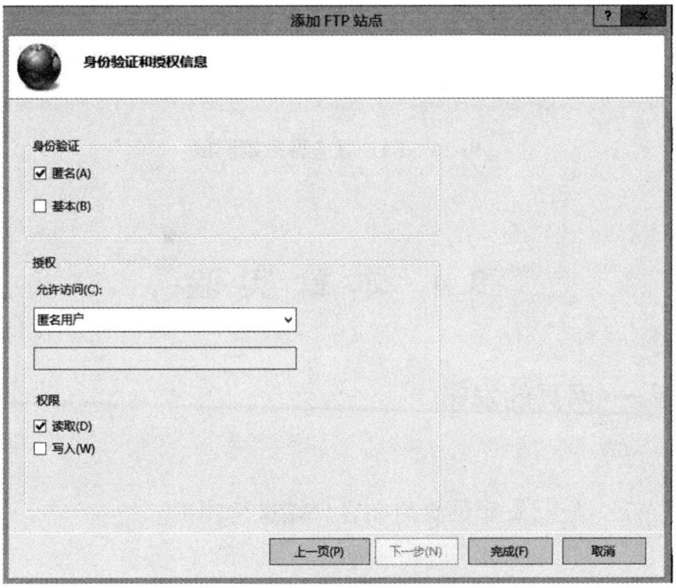

图 9-24　身份验证和授权信息

图 9-25　FTP 服务器配置信息

FTP 服务器配置完成后,可在第 8 章搭建的桥接环境进行测试,如看到图 9-26 的页面,说明这时可用匿名用户在客户端进行登录,FTP 服务正常。

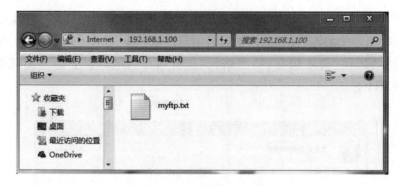

9-26　FTP 服务客户端测试

9.4　本章实验

9.4.1　实验一:网页的发布

1. 实验目的

在 IIS 上创建 Web 站点,发布网页后在客户端进行测试。

2. 实验环境

使用 VMnet0 构建桥接环境,物理机 win10 的 IP 地址设置为 192.168.1.10/24,虚拟机的 IP 地址设置为 192.168.1.100/24。

3. 实验内容

(1)架设桥接环境。

（2）安装 IIS（Web）服务器。

（3）在 IIS 创建站点并发布网页。

（4）在客户端进行测试，观察在 Web 服务器上创建的站点是否能正常访问。

4. 实验步骤

（1）在 Windows Server 2012 虚拟机中创建一个目录"c：\>web"，在 web 目录里编辑网页 index. html。

（2）打开 IIS 管理器，如图 9-27 所示，然后在图 9-28 添加网站，出现图 9-29 所示窗口，进行网站的绑定。

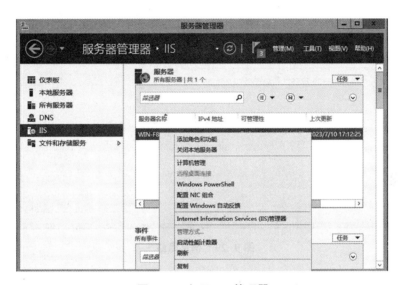

图 9-27　打开 IIS 管理器

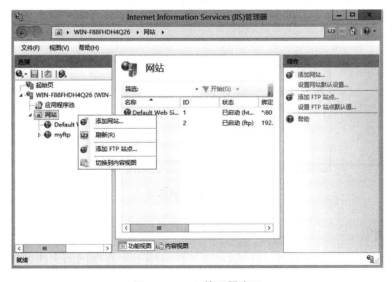

图 9-28　IIS 管理器窗口

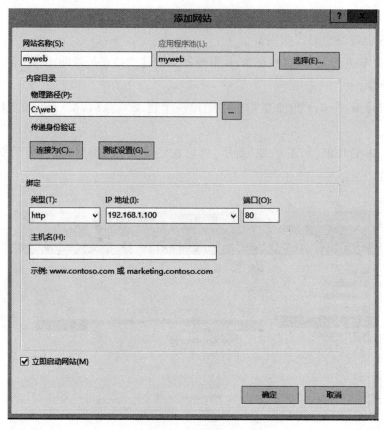

图 9-29　绑定网站

（3）点击"确定"后，即完成了网页在 IIS 中的发布，此时在物理机（客户端）浏览器输入 http://192.168.1.100 访问虚拟机 Windows Server 2012（Web 服务器），如出现图 9-30 所示页面，则说明网页成功发布。

图 9-30　客户端测试

5. 实验思考

总结一下本实验遇到的问题，然后结合本实验介绍一下万维网的工作原理。

9.4.2 实验二:DNS 服务器的配置

1. 实验目的

使用域名访问本章实验一发布的网页,掌握 DNS 的概念和作用。

2. 实验环境

使用 VMnet0 构建桥接环境,物理机 win10 的 IP 地址设置为 192.168.1.10/24,虚拟机的 IP 地址设置为 192.168.1.100/24。

3. 实验内容

(1)架设桥接环境。

(2)在虚拟机 IIS 上创建站点并发布网页。

(3)在虚拟机上安装 DNS 服务器。

(4)在虚拟机上添加正向记录和逆向记录。

(5)在客户端进行测试。

4. 实验步骤

(1)在本章实验一的基础上创建站点并发布网页。

(2)参照本章实验一安装 DNS 服务器。

(3)在图 9-9 中打开 DNS 管理器如图 9-31 所示,然后完成正向查找区域和反查找区域的配置。

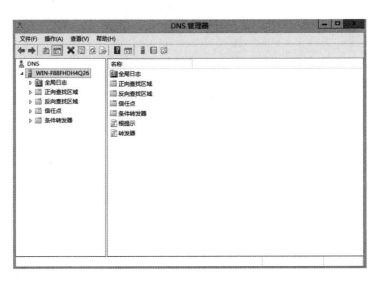

图 9-31 DNS 管理器

(4)创建正向查找区域。在图 9-31 右图中右击"正向查找区域",在弹出的快捷菜单中选择"新建区域"选项,显示"新建区域向导",选择"主要区域",如图 9-32 所示。单击"下一步",在"区域名称"文本框中输入一个能反映单位信息的区域名称(www.test.com),如图 9-33 所示,然后在图 9-34 中,系统根据区域名称填入了一个默认文件名,单击"下一步",显示图 9-35 窗口,完成正向区域的配置。

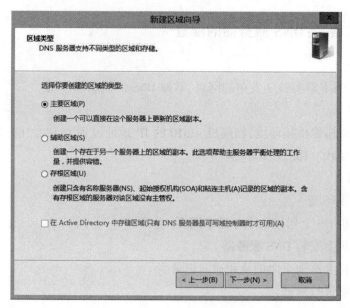

图 9-32 区域类型

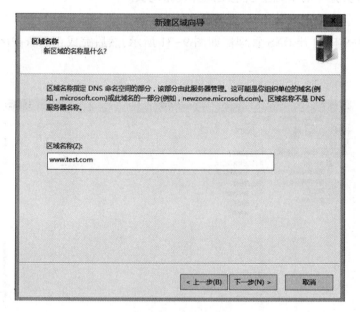

图 9-33 区域名称

（5）创建主机记录。下面创建一个访问域名 www.test.com 的主机记录，对应 IP 地址为 192.168.1.100。具体操作步骤如下：打开图 9-36 所示的 DNS 管理器，选择"新建主机"，打开如图 9-37 所示的对话框。

（6）创建反向查找区域。在图 9-38 所示的窗口中安装反向查找区域，其安装过程和正向查找区域类似。在如图 9-39 所示窗口中单击"下一步"，出现图 9-40，自动生成网络 ID。在图 9-40 所示窗口中单击"下一步"，出现图 9-41"区域文件"对话框，单击"下一步"，出现"动态更新"对话框，最后完成反向查找区域的安装，如图 9-42 和图 9-43 所示。

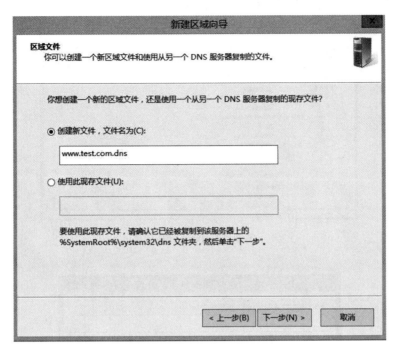

图 9-34 "区域文件"对话框

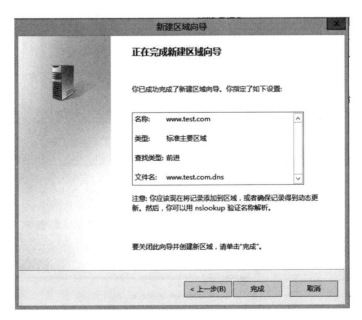

图 9-35 完成正向区域配置

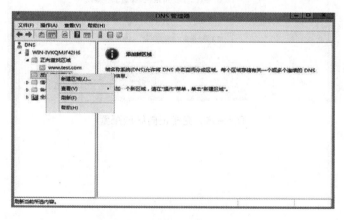

图 9-36 DNS 管理器

图 9-37 "新建主机"对话框

图 9-38 创建反向查找区域

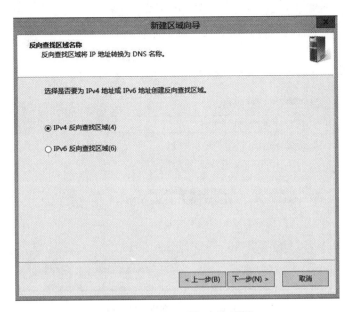

图 9-39 IPv4 反向查找区域

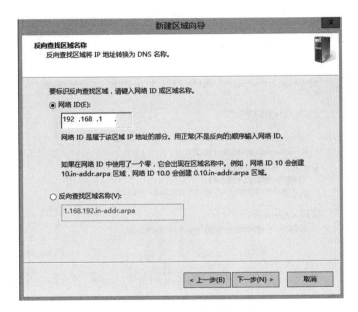

图 9-40 反向查找区域名称

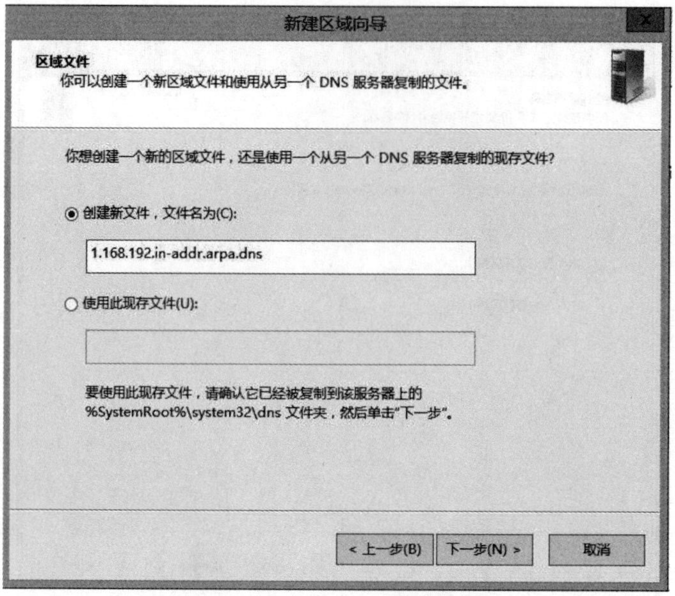

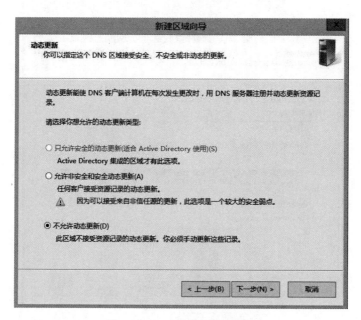

图 9-41 "区域文件"对话框

图 9-42 "动态更新"对话框

(7)创建指针记录。指针资源记录的反作用是反向查找区域内的 IP 地址及主机,把 IP 地址映射成主机域名。在图 9-44 所示窗口中选择新指针,出现如图 9-45 所示对话框。

(8)设置 DNS 客户端。完成以上操作后,将物理机(客户端)的 DNS 服务器设置为 192.168.1.100,此时使用 nslookup 命令可观察到 DNS 服务器完成正向解析和逆向解析的过程。在物理机的浏览器输入 www.test.com,观察使用域名能否正常访问实验一发布的网页,如图 9-46 至图 9-48 所示。

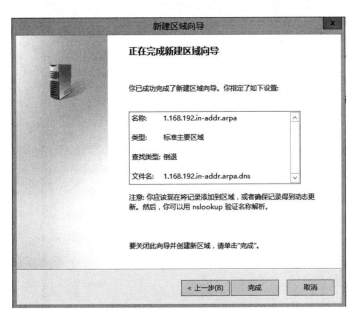

图 9-43　反向区域完成配置

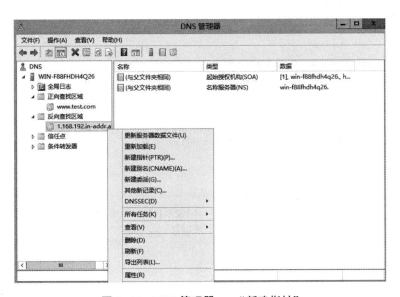

图 9-44　DNS 管理器——"新建指针"

5. 实验思考

把 IP 地址解析成域名和把域名解析成 IP 地址对应实验的哪些过程？

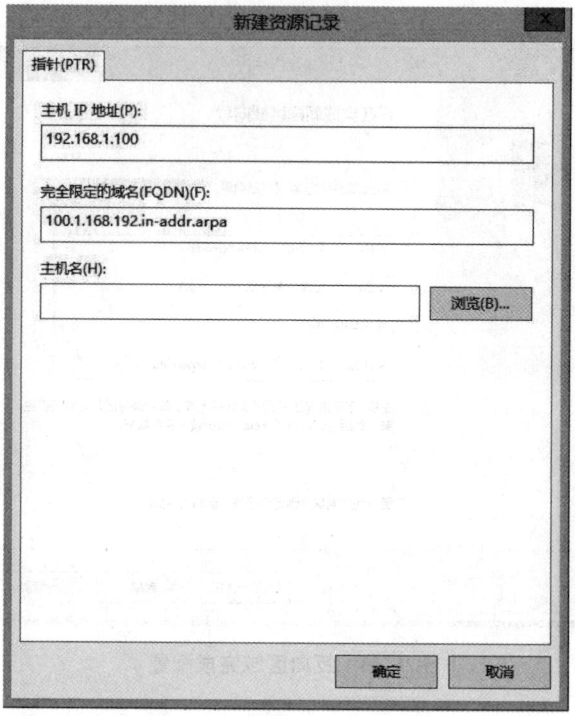

图 9-45 "新建资源记录"对话框

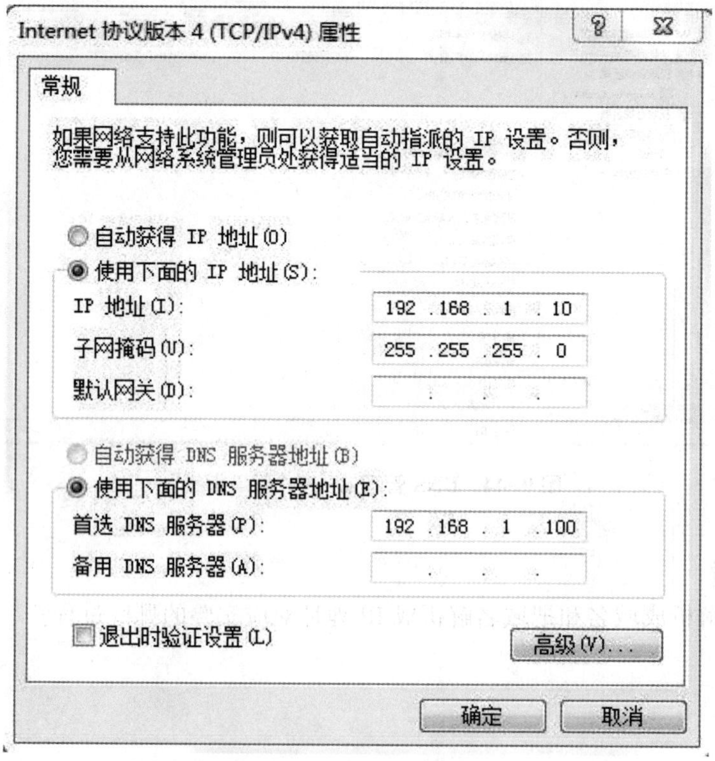

图 9-46 DNS 服务器设置

图 9-47 nslookup 验证

图 9-48 客户端测试

9.5 本章习题

1. 在 VMware 构建的桥接环境中,物理机一般充当 C/S 模式的什么角色?

2. 虚拟机 Windows Server 2012 是怎样做到一个 IP 地址提供多种服务的?

3. 结合实验一,介绍一下 Web 服务器是如何工作的?

4. 结合实验二,介绍一下 DNS 服务器是如何工作的?

5. 管理和修改 Web 站点的配置可以通过哪些属性来完成?

6. 简述安装 DNS 服务器的步骤。

7. DNS 服务器中的正向查找区域和反向查找区域有哪些区别?

8. 安装 IIS 有哪些步骤? 怎样判断 IIS 能正常工作?

第10章 网络设计

计算机网络作为信息社会的交通枢纽,为人们的工作、学习、生活提供了便捷的交流与协同平台。网络系统集成是按照工程最优设计、最优实施、最优管理的思想,将网络设备(交换机、路由器、服务器等)和网络软件(操作系统、应用系统等)系统性地组合成整体的过程。

10.1 网络系统集成体系框架

无论是企业网、校园网还是政务网,都必须有一种通用的网络系统集成体系框架。如图 10-1 所示,网络系统集成体系框架,主要由以下几部分组成。

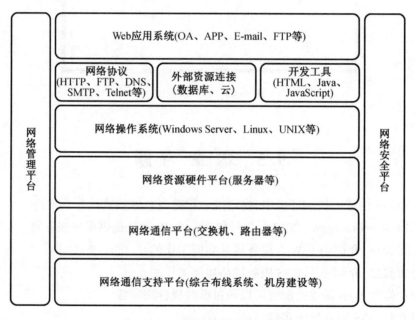

图 10-1 网络系统集成体系框架

1. 网络通信支持平台

该平台是为了保障网络安全、可靠、正常运行必须构建的环境障保设施,主要包括机房建设和综合布线系统。

2. 网络通信平台

该平台主要包括网卡、二层交换机、三层交换机、路由器、无线网桥、无线网卡等设备。

3. 网络资源硬件平台

该平台主要包括服务器和网络存储系统:服务器主要是网络信息资源宿主设备,网络存储系统是信息资源备份和集中管理的设施。

4. 网络操作系统

网络操作系统是实施网络资源的架构与管理的操作平台。其主要分两大类:一类是采用英特尔处理器的个人服务器操作系统(如 Windows Server 和 Linux);另一类是采用小型机处理器的 UNIX 操作系统。

5. Web 应用系统

采用 HTML、PHP、JSP 和 Java Script 等开发工具制作的 Web 信息系统,为用户提供各种形式的信息,用户采用 Web 浏览器通过 HTTP、FTP、DNS 等协议使用这些服务。

6. 网络管理平台

对网络通信、网络服务和应用系统进行管理,保障网络整体系统高效、可靠及方便、快捷地使用。

7. 网络安全平台

网络安全设施主要有防火墙、入侵检测、防病毒、身份验证、防窃听和防辐射等要求。

10.2　网络工程设计

网络工程设计不是一件简单的事,设计人员必须具备网络系统集成的基本知识,并掌握网络方案设计理论与方法。

网络工程设计是要根据用户需求,合理选择各种软硬件产品,通过综合性的技术设计、工程施工、安装调试、管理监测和应用开发等环节,按低耗、高效、可靠的系统组织原则,完成系统软硬件配置及网络应用系统的安装和开发,最终向用户提供一个具有优良性能价格比的计算机网络系统及应用系统的全过程。

网络工程的建设一般分以下几个阶段。

1. 网络工程设计阶段

①用户建网需求分析。了解用户建设网络系统的条件,定义用户建网的需求。这一阶段要充分讨论用户的建网需求、系统性能、经费额度、分布地域等因素。

②系统集成方案设计。网络工程技术人员提出各种可能的解决方案,选择相对最优和最可行的方案。这个过程会涉及带宽选择、网络选型、网络连接设备选型、传输媒体选型、网络操作系统选型等问题。

③方案论证。由网络专家、建网用户代表、系统集成商组成方案论证评审组,对工程方案进行可行性论证,不断修改,直到方案论证通过为止。

2. 网络工程实施

①方案解读。组织参加本项目的网络工程人员解读方案,使每一位施工人员明白自己的岗位和职责。

②系统集成施工。系统集成人员严格按照设计方案的要求和项目进度进行施工。施工过程要注重项目工序的独立性和相关性,同时还要注意施工人员的互相协作。

③网络测试。网络测试包括综合布线测试、通信设备测试和服务器系统的测试。测试

时要严格按照设计方案中描述的性能指标逐项进行。

④工程排错处理。针对网络测试中发现的网络故障性能欠佳等问题,对有问题的传输介质或设备进行返工,直到解决问题为止。

3. 网络工程验收

①系统工程总结。按照设计方案的技术文档要求和工程实施情况,撰写网络工程项目验收的各种技术文档,同时对用户进行网络技术培训。

②系统验收。由网络专家、用户代表和集成商代表组成项目评审验收组,对集成工程项目进行评审验收,直到符合设计要求为止。

③系统维护与服务。项目验收通过后,系统集成商要继续协助用户进行网络系统管理和维护工作,直到用户能独立工作为止。

10.3   网络拓扑结构设计

合适的拓扑结构是网络稳定且可靠运行的基础。要获得一个合适的拓扑结构,要将网络中的主机高效、合理地连接在一起,对于同样数量、同样位置分布、同样用户类型的主机,采用不同的拓扑结构会得到不同的网络性能。

10.3.1   三层结构法

目前,国际上比较通行的网络拓扑结构设计方法是三层结构法。所谓三层结构是指把网络分为核心层、汇聚层和接入层,如图 10-2 所示。

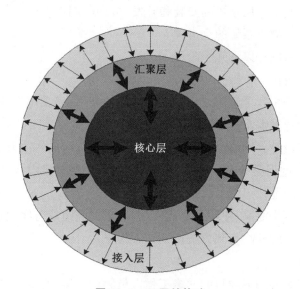

图 10-2   三层结构法

在三层拓扑结构中,通信量被接入层导入网络,然后被汇聚层聚集到高速链路上流向核心层,核心层流出的通信量被汇聚层发散到低速链接上,经接入层流向用户。随着核心层设备向高密度、大容量的方向发展,未来网络结构将会采用更高效的结构,即核心层+接入层。

10.3.2　分层结构各层功能

在三层结构中,核心层处理高速数据流,其主要任务是交换数据;汇聚层负责聚合路由路径,收敛数据流量;接入层负责将流量导入网络,执行网络访问控制等网络边缘服务。分层结构各层功能如图 10-3 所示。

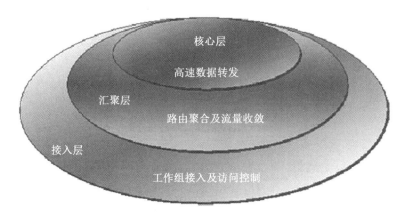

图 10-3　分层结构各层功能

10.3.3　分层结构规划网络拓扑的基本原则

采用分层结构规划网络拓扑应注意以下两个基本原则:

(1)网络中因拓扑结构改变而受影响的区域应被限制到最低程度;

(2)路由器及其他网络设备应传输尽量少的信息。

核心层的主要工作是交换数据,核心层的设计应该注意以下两点:

(1)不要在核心层执行网络策略。所谓网络策略是指系统管理员定制的规则。

(2)核心层的所有设备应具有充分的可到达性。可到达性是指核心层设备具有足够的路由信息,保证发给它的数据能被它成功转发。

汇聚层介于核心层与接入层之间,有以下两个作用:

(1)将大量接入层过来的低速链路通过少量高速链路接入核心层,实现通信量的聚合;

(2)屏蔽经常处于变化之中的接入层对相对稳定的核心层的影响,可以隔离接入层拓扑结构的变化,减小核心层路由器路由表的大小。

接入层位于最外围,它的基本设计目标包括以下三方面。

(1)将流量导入网络。为确保将流量导入网络,应该做到:

①单个用户到接入层路由器的链路数量要小于接入层路由器到汇聚层路由器的链路数量,否则大量数据会在汇聚层与接入层的边界上积压;

②局域网内部的流量不要通过接入层的设备进行转发,以减轻接入层设备的负担;

③一个接入层路由器不要同时连接两个汇聚层路由器,除非用于可靠性备份。

(2)控制访问。由于接入层是用户接入网络的入口,所以也是黑客入侵的门户。接入层通常用包过滤策略提供基本的安全性,保护局部网免受网络内外的攻击。

(3)实施网络策略。核心层的主要任务是交换,汇聚层的主要任务是聚合流量,而网络策略的实施放到接入层。事实上,由于接入层直接与用户打交道,而策略也因用户的存在而存在,所以在接入层实施网络策略的效果是最好的。

基于交换的层次结构示例如图10-4所示,基于路由的层次结构示例如图10-5所示。

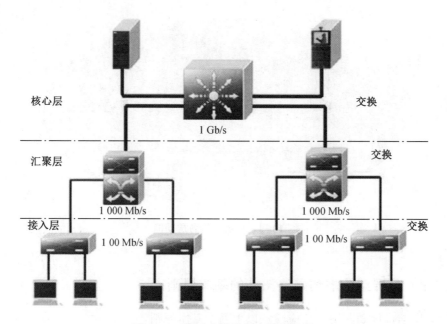

图10-4　基于交换的层次结构示例

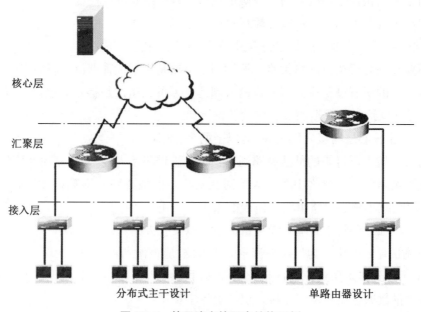

图10-5　基于路由的层次结构示例

10.4　网络设备的选择

网络的拓扑确定之后,就要选择网络系统中所需要的网络设备。一般选取网络设备时要注意两点:一是要从应用的实际出发,确定必需的网络设备;二是从性价比来考虑,不追求最好,但要适合本网络。

(1)服务器:服务器是网络系统中最重要的设备,是整个网络的枢纽,提供资源的共享和对整个网络实现管理,所承担的工作也是最繁重的,所以要求服务器性能可靠。

(2)工作站:处理不同类型任务应选择合适的工作站。

(3)传输介质:目前五类双绞线使用是最广泛的传输介质,但是它的传输距离不能超过100 m,当超过时要考虑使用六类以上双绞线。

(4)网卡:网卡是连接计算机和传输介质的接口,通常需要根据服务器或工作站的带宽需求,结合传输介质所能提供的最大传输速率来选择网卡的传输速率。目前,一般选择1 000 Mb/s 自适应网卡,如布线不方便也可选择无线网卡。

(5)交换机:对不同规模的网络,选取交换机也有所不同。对于小型网络,选取共享型交换机即可;对于大型网络,要选择可管理型的交换机;如有特殊工作需求,应选择具有特殊功能的交换机。

(6)路由器:路由器一般应用于大型网络,主要作用是联通不同的网络和选择信息传送的线路。使用路由器能大大提高通信速度,减轻网络系统通信负荷,节约网络系统资源。

10.5　结构化综合布线系统

结构化综合布线系统是一种模块化的建筑物和建筑群内的信息传输系统。它采用标准材料(如统一的光纤和双绞线)为传输媒介,采用配线架、信息插座和插头等,并采用组合压接的方式组成一套完整、开放的布线系统。它通常是将建筑群内的若干线路系统——电话系统、数据通信系统、报警系统、监控系统等合为一种布线系统,进行统一布置,并提供标准的信息插座,以连接各种不同类型的终端设备。

10.5.1　结构化综合布线系统的特点

结构化综合布线系统是智能化建筑的神经系统,是一个能够支持任何用户选择的话音、数据、图形图像应用的电信布线系统。系统应能支持话音、图形、图像、数据多媒体、安全监控、传感等各种信息的传输,支持 UTP、光纤、STP、同轴电缆等各种传输载体,支持多用户、多类型产品的应用,支持高速网络的应用。

结构化综合布线是非常必要的,其特点主要体现在以下几个方面。

(1)实用性。能支持多种数据通信、多媒体技术及信息管理系统等,能够适应现代和未来技术的发展。

(2)灵活性。任意信息点能够连接不同类型的设备,如计算机、打印机、终端、服务器、监视器等。

(3)开放性。能够支持任何厂家的任意网络产品,支持任意网络结构,如总线形、星形、环形等。

（4）模块化。所有的插件都是积木式的标准件,方便使用、管理和扩充。

（5）扩展性。实施后的结构化综合布线系统是可扩充的,以便将来有更大需求时,很容易将设备安装接入。

（6）经济性。一次性投资,长期受益,维护费用低,使整体投资达到最少。

10.5.2 结构化综合布线系统的组成

结构化综合布线系统可分为6个独立的布线子系统,分别是建筑群子系统、垂直干线子系统、水平配线子系统、设备间子系统、管理子系统、工作区子系统,它们彼此之间的关系,如图10-6所示。

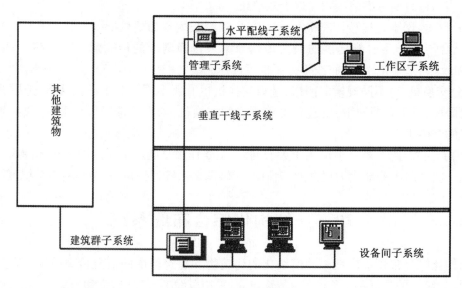

图 10-6　综合布线系统

1. 建筑群子系统(楼间布线)

建筑群子系统提供外部建筑物与大楼内布线的连接点。一般情况下建筑群宜采用光缆。其布线方式通常包括架空电缆布线(无机械保护,成本低)、直埋电缆布线(较好保护,成本较高)、管道系统电缆布线(最佳保护,成本高)和隧道内电缆布线(利用现有地下水暖通道,成本最低,但可能因漏泄损坏电缆)。

如果存在雷击问题,建筑群子系统应采用光缆布线或具有防雷保护效果的布线方式。

2. 设备间子系统(设备管理中心布线)

设备间就是楼内中心机房,一般是网络管理员和值班人员的工作场所,是布线系统最主要的管理区域,所有楼层的资料都由电缆或光缆传送至此。通常,此系统安装在计算机系统、网络系统和程控机系统的主机房内。设备间的布线要重点考虑温度、湿度、供电、电磁干扰、安全(消防、接地等)、维修等因素。设备间电力电缆应为耐燃铜芯屏蔽电缆,且不得与双绞线走向平行,交叉处应尽量垂直交叉。

3. 垂直干线子系统(楼层间垂直布线)

负责连接管理子系统和设备间子系统,一般使用光缆或 UTP,采用星形拓扑结构。布线走向应选择干线段最短、最安全和最经济的路由。宜选择建筑物中封闭型通道（通常有电缆竖井、电缆孔两种）进行布线，不宜选择在开放型通道（通风通道、电梯通道等）进行布线。

4. 管理子系统（楼层机柜等的布线）

管理子系统在楼层配线间内连接垂直干线子系统和各水平配线子系统，由各楼层配线架及相关连接件、标记组成。管理子系统管理的信息点多时，应单独一间，不太多时可选用墙柜等。

其管理区的主要硬件有集线设备、配线架、跳线。管理区布线时的一个重要工作是做好综合布线标记（电缆标记等）。管理子系统如图 10-7 所示。

路线　　　　　　　　　　　　配线架

图 10-7　管理子系统

5. 水平配线子系统（同一楼层布线）

水平布线的任务是将管理子系统的配线接到每一工作区（如办公室）的信息插座上。水平配线子系统宜采用星形拓扑结构。其布线方案通常有直接埋管（暗线）、"吊顶线槽+支管"到信息出口和地面线槽（适用于大开间等环境）。一般水平电缆最大长度为 90 m（另有 10 m 分配给接插线或跳线）。

6. 工作区子系统（办公室内部布线）

独立的工作区，通常是一部电话机和一台计算机。每个工作区至少有一个信息插座，工作区子系统的任务则是将信息插座与用户设备通过跳线连接起来，如图 10-8 所示。

图 10-8　工作区子系统

10.6　传统校园网介绍

传统校园网采用以太网技术,分为核心层、汇聚层和接入层;各建筑物的交换机通过万兆或千兆光纤互联,建筑物内通过千兆双绞线连接到每一个房间;采用 VLAN(虚拟局域网)划分出办公、教学、宿舍、无线等不同的广播域,每个 VLAN 分配一个可以满足需求的 IP 地址段,VLAN 的网关一般配置在汇聚层交换机。接入层交换机一般需要部署各项运营及管理功能策略。服务器区部署 DNS、邮件系统、教务系统、OA 系统等服务器,通过防火墙实现网络安全防护。传统校园网如图 10-9 所示。

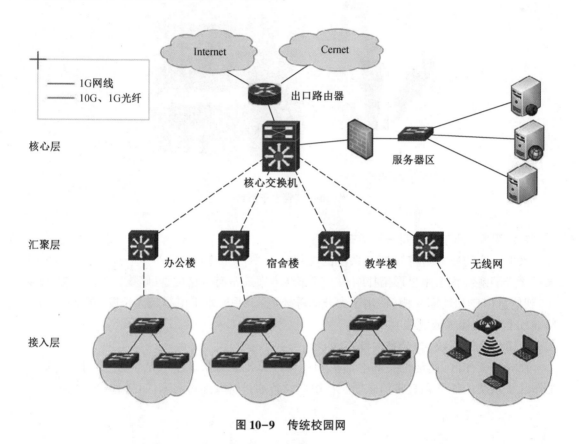

图 10-9　传统校园网

10.7　传统校园网问题分析

传统校园网方案设计从管理、维护到整合,均采用的是分布式或分散式的模式。传统的校园网存在的主要问题如下。

1. 不适应智慧教学场景的需要

随着普通教室向标准化考场、多媒体教室进行改造,学校在业务迭代的过程中教室信息点持续增加,从传统的一个教室 2~4 个信息点(多媒体电脑、无线、视频监控)到现在新增云桌面、数字广播、大屏/黑板、电子班牌、物联网等6~12个信息点,教室的教学网络环境需要持续改造升级,要支持业务灵活扩展。同时越来越多的新建智慧教室、VR/AR教室、实训楼/实训室等新型教学环境和教学类业务对网络带宽和延迟要求越来越高。

2. 难以满足校园办公场景的需求

行政人员办公经常面临工位频繁更换,信息点位不固定,甚至是大范围挪移,出现端口不够用的情况就只能使用傻瓜交换机级联拓展,存在发生环路引发网络运行不稳定的风险;办公网设备线路难以频繁改造,布线施工成难题。

3. 不适应校园物联网场景

电脑、笔记本、手机等师生办公学习终端,打印机、刷卡器、监控等哑终端,电子班牌、智慧大屏、数字图书馆等公共上网终端,以及校园的各类型的业务终端井喷式增长,导致传统校园网运维和安全存在着极大的麻烦和风险。校园物联网需要一个支持终端快速上线、安全隔离、人物公用的易维护的好网络。

4. 难以满足校园网运维场景的需要

对于高校信息部门来说,因为网络规模、用户规模、管理及运营策略越来越复杂,所带来的问题主要集中在接入网设备上(如接入交换机、汇聚交换机等),各项运营及管理功能策略都部署在接入设备上时,维护的工作量显著增加。校园网新业务的部署(如IPv6专网、一卡通专网等)需要端到端的配置,给维护人员带来巨大的工作量,不但耗费极大的时间、精力,还会造成业务上线慢,用户评价降低。

10.8 "极简以太全光"解决方案

目前,智慧校园网的建设较常见的是采用锐捷的"极简以太全光"架构。该方案是目前园区网组网方案中的一种优势组网方案,共有三方面的创新和改变。

1. 链路层

整网有线、无线全光接入,每个房间光纤入室,室内信息点就近接入室内交换机,1:1独享带宽。

2. 设备层

一个楼栋仅需要放置一台全光交换机,取消楼层接入交换机,减轻弱电间有源设备数量并降低运维压力。

3. 运维管理层

全网采用SDN(软件定义网络),前端设备即插即用,运维智能化。

"极简以太全光"方案如图10-10所示。

采用"极简以太全光"方案主要有以下几个好处。

(1)光纤入室,业务就近接入

带宽弹性拓展每栋教学楼/办公楼部署1台全光楼栋交换机,上行通过100G链路与核心交换机相连,下行通过万兆光纤到所有房间,教室/实训室内部署1~2台极简多速率交换机作为室内交换机,支持POE+供电,实现千兆到桌面的网络接入,支持SDN管理,设备即插即用,极大减轻运维工作量。教室部署场景和办公室部署场景如图 10-11 和图 10-12 所示。

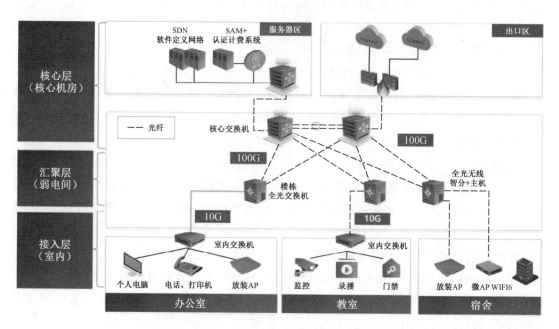

图 10-10 "极简以太全光"方案

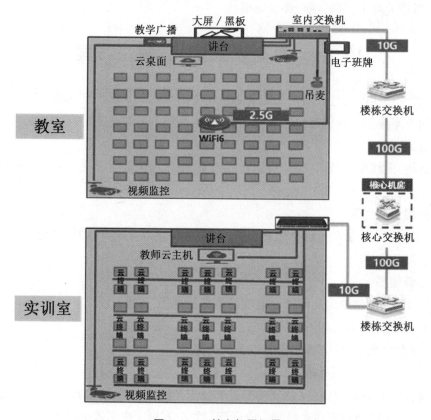

图 10-11 教室部署场景

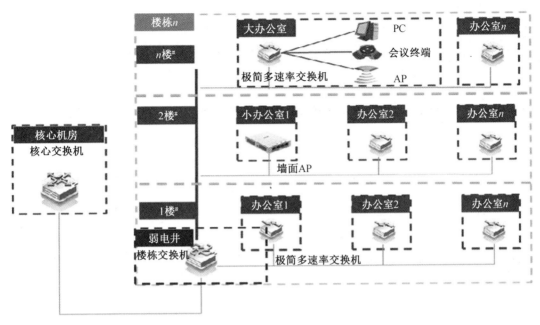

图 10-12 办公室部署场景

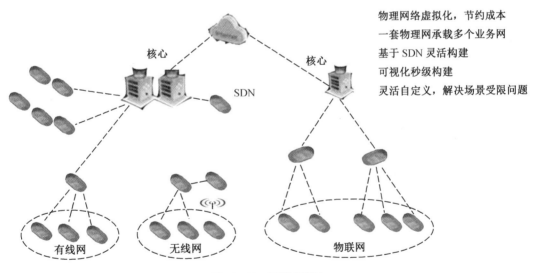

物理网络虚拟化,节约成本

一套物理网承载多个业务网

基于 SDN 灵活构建

可视化秒级构建

灵活自定义,解决场景受限问题

图 10-13 泛载网接入

(2)面向物联网设计,多业务承载、即插即用

校园网建设分为有线部分建设、无线部分建设和包括物联承载网建设。"极简以太全光"解决方案采用了物理网络虚拟化的设计,学校可选择统一新建一张多业务承载网(例如 LORA 等专用的无线物联网),对于无法改造的老校区也可选择接入、汇聚继续利用现有校园网及链路,在核心层建立独立的物联网承载网关,这样既能保证快速业务开通,也能减少物联网投入,同时能保证物联网业务的相对独立和安全隔离。

通过在物理网络上虚拟不同的业务网方式可实现泛载网,实现门禁、消防、节能平台等各种未来物联网业务的统一承载,不需要区分物理位置任意接入,不关心接入端口、VLAN信息,通过图形化界面快速生成虚拟网络,在提高效率、保证安全的同时,降低物理设备、链路的投入,支持可视化安全业务隔离,某两个业务子网策略选择为禁止访问,实现隔离。

"极简以太全光"方案通过室内交换机标准化、模板化配置,实现 IP 及业务,不依赖部署位置和 VLAN 端口,从而实现终端的泛载即插即用特性;支持哑终端任意端口任意 VLAN下接入,且静态 IP 地址的哑终端无须收集 MAC 地址,终端信息自动在 SDN 控制器上显示,在 SDN 控制器上进行审批即可入网。

(3)零配置,减少日常维护复杂度

通过集中管理的改造,可以极大地简化校园网接入区域的管理和维护工作,但是上收功能和策略并不能完全解决入室交换机的配置工作量。

①简化 VLAN 配置部署

为了简化 VLAN 配置管理,"极简以太全光网络"通过管理软件上收校园网接入设备的VLAN 配置部署,其核心思路是将 VLAN 配置管理的操作封装成一个配置任务。该配置任务分为四个步骤:配置前备份、配置下发、配置后比对、配置后备份。当用户需要对网络进行 VLAN 配置时只需要创建任务并执行任务即可;当配置任务执行时,依次按上述步骤进行,完成 VLAN 配置管理。

②零配置入网

学校的教室和办公室有大量的入室交换机,一旦入室交换机出现问题,维护工作尤为复杂。通过锐捷 SDN 技术可以轻松实现设备自动化运维,减轻运维人员的工作负担,实现接入设备模板化,接入设备即插即用,消除人为能力因素,通过可视化提升效率,提升体验。通过自动化运维的解决方案做到设备零配置上线,零配置替换。

(4)架构扁平化,简化并聚焦网络管理策略

扁平化的校园网架构并非必须是物理层级数的减少,比如将现有的三层网络结构压缩成二层架构,而是指网络逻辑层次的简化。

在扁平化架构的校园网中,相对于传统校园网络的三层架构间,对各个层级模糊的功能分区进行了清晰化处理,实现了核心业务控制层和网络接入层的分离,从而实现用户和业务控制的集中化。

其中,控制层设备作为整个网络的控制中心,提供全网集中的业务控制和管理功能,如全网的三层网关、全网的集中认证、全网的策略控制、接入用户带宽控制等功能均被集中放置到控制层设备上实现。

接入层网络负责用户的终端接入。采用二层扁平化架构后,为了防止用户间 MAC 与ARP 欺骗及不同用户间的业务数据隔离,采用了对每一个用户单独使用一个 VLAN 的方式。扁平化架构的校园网中,控制层设备替代原来校园网中核心交换机的位置,作为网络核心设备+接入控制设备来使用。

(5)集中入口,开放兼容任意设备品牌

经过多年的高校信息化发展,目前主流高校针对有线网络、无线网络、用户运营管理系统都已经完成部署。出于商业竞争的考虑,这三个层面的产品供应商在技术上具有相对的

封闭性。这种无线网络、有线网络、运营管理系统之间的强耦合关系导致网络中心在供应商的整合上出现麻烦,学校很难自主地选择自己想要的供应商组合。

为了消除商业竞争对学校网络中心自主选择权力的影响,需要打破这种有线网络、无线网络、用户运营系统之间的强耦合关系,具体方法如下。

①将无线用户的认证网关调整至扁平化的极简核心交换机,多家供应商的无线校园网设备均通过认证计费系统的 Portal 组件统一提供认证交互界面,消除 Portal 非标准所带来的技术壁垒,无论是现在还是未来,学校都可以自主选择无线产品供应商。

②有线用户的认证网关上收至扁平化的极简核心交换机,通过认证计费系统的代理组件搭建一个整合用户运营管理的入口,网络中心可以通过认证计费系统为平台同时提供多家供应商的认证计费产品,用户也可以不改变原有的使用习惯,甚至可以自行选择适用的认证服务。

(6)网随人动、策略随行

无线网络和物联网络业务终端快速增长,使终端位置的移动接入成为常态,业务的灵活部署及迁移成为刚需,以往的基于网络位置进行网络规划的方式无法满足现有复杂的业务场景。

"极简以太全光"解决方案支持终端位置移动 IP 网段随行,因此只需要将策略应用在对应的用户分组或者指定 IP 上,这样用户的所有的安全策略和权限就能移动随行。面对海量的物联网终端、打印机、移动终端入网,无须更改接入设备的配置,通过 SDN 技术把 VLAN 和 IP、端口解耦,通过提供业务与 IP 网段的绑定可实现业务快速部署,业务终端可分布在全网任意区域,达到了业务之间的逻辑隔离。

在整体安全策略部署方面采用 SDN(软件定义网络)技术,提高安全设备资源利用率,提高整体安全性能,实现扩品牌、跨型号安全设备冗余热备。为更加方便部署安全策略,通过 SDN 实现用户的 IP 随行,实现 IP 即用户,IP 段即用户组,做到用户任意地方接入 IP 地址不变,由于地址不变,安全策略及权限也不用变化,做到安全策略随行,如图 10-14 所示。

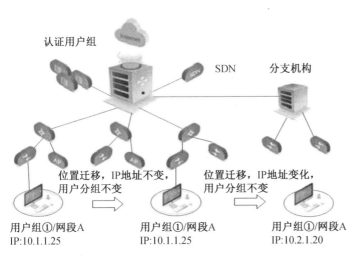

图 10-14 策略随行

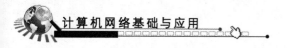

10.9　本章习题

1. 网络工程的建设一般分几个阶段？

2. 什么是三层架构法，各个层次的主要任务是什么？

3. 接入层位于最外围，它的设计应注意什么问题？

4. 传统的校园网有什么缺点？

5. "极简以太全光"在哪些方面做出了创新和改变？

6. 汇聚层介于核心层与接入层之间，它主要起到什么作用？

7. 网络系统集成体系框架由哪几部分构成？

8. 结构化综合布线系统由什么子系统组成？

参 考 文 献

[1] 张基温,张展赫.计算机网络技术与应用教程[M].2版.北京:人民邮电出版社,2016.

[2] 孟敬.计算机网络基础与应用[M].微课版.北京:人民邮电出版社,2021.

[3] 黑马程序员.计算机网络技术及应用[M].北京:人民邮电出版社,2019.

[4] 周舸,李昕昕.计算机网络技术基础[M].2版.北京:人民邮电出版社,2017.

[5] 杨威.网络工程设计与系统集成[M].2版.北京:人民邮电出版社,2010.

[6] 冯博琴.计算机网络应用基础[M].北京:人民邮电出版社,2009.

[7] 高传善,曹袖,毛迪林,等.计算机网络教程[M].2版.北京:高等教育出版社,2013.

[8] 吴功宜,吴英.计算机网络技术教程:自顶向下分析与设计方法[M].2版.北京:机械工业出版社,2020.